站在巨人的肩上
Standing on Shoulders of Giants

iTuring.cn

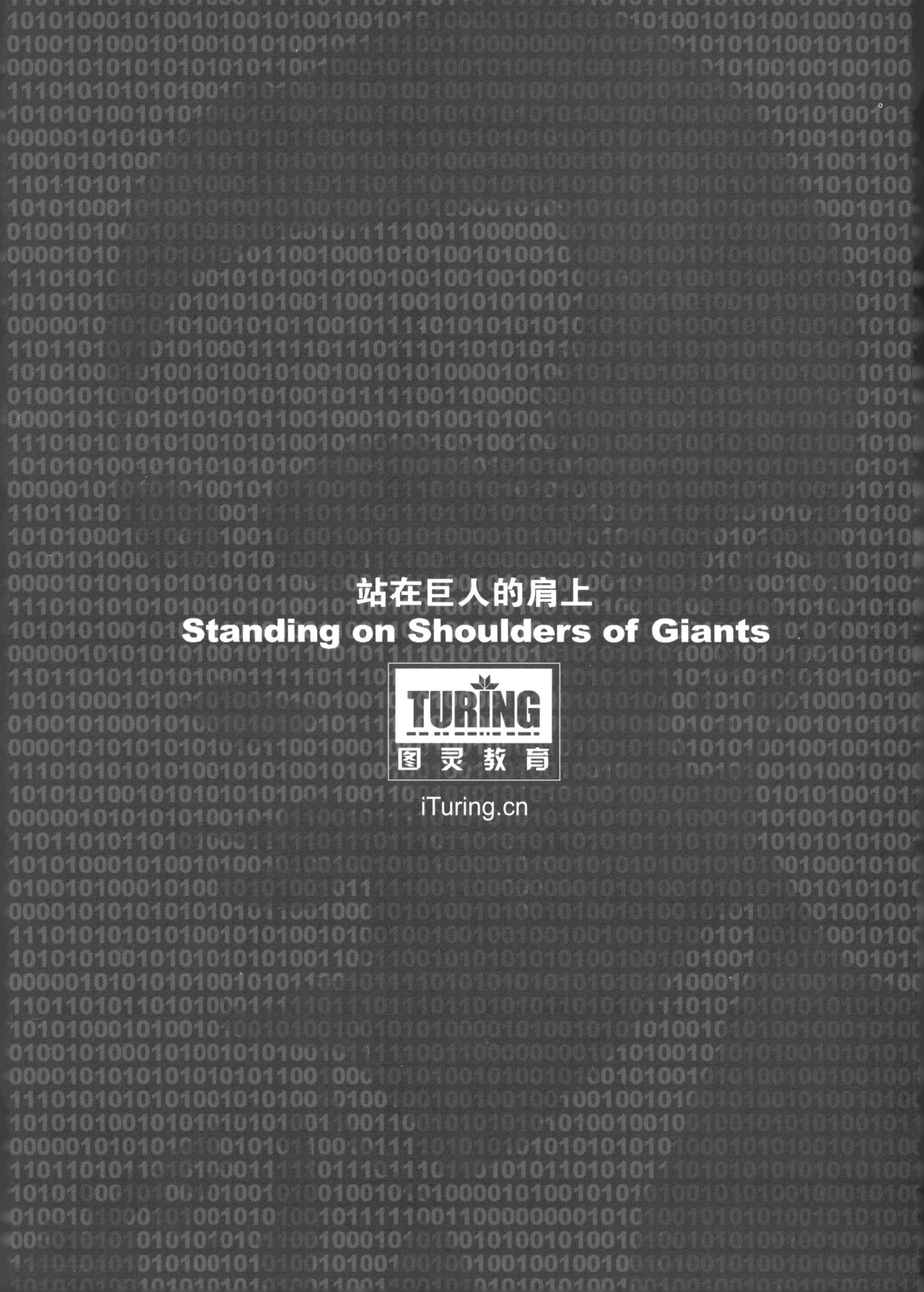

图灵程序设计丛书

React Native开发指南（第2版）

Learning React Native, Second Edition
Building Native Mobile Apps with JavaScript

［美］邦尼·艾森曼 著
张俊达 黄为伟 译

Beijing · Boston · Farnham · Sebastopol · Tokyo

O'Reilly Media, Inc.授权人民邮电出版社出版

人民邮电出版社
北　京

图书在版编目（CIP）数据

React Native开发指南：第2版 /（美）邦尼·艾森曼（Bonnie Eisenman）著；张俊达，黄为伟译. -- 北京：人民邮电出版社，2019.4
（图灵程序设计丛书）
ISBN 978-7-115-50901-7

Ⅰ. ①R… Ⅱ. ①邦… ②张… ③黄… Ⅲ. ①移动终端－应用程序－程序设计－指南 Ⅳ. ①TN929.53-62

中国版本图书馆CIP数据核字(2019)第037793号

内 容 提 要

本书通过丰富的示例和详细的讲解，介绍了 React Native 这款 JavaScript 框架。在 React Native 中利用现有的 JavaScript 和 React 知识，就可以开发和部署功能完备的、真正原生的移动应用，并同时支持 iOS 与 Android 平台。除了框架本身的概念讲解之外，本书还讨论了如何使用第三方库，以及如何编写自己的 Java 或 Objective-C 的 React Native 扩展。第 2 版结合当前开发实践，新增了有关平台特定组件、状态管理和 Expo 应用的内容。

本书适合前端工程师或 Web 开发者，以及希望开发跨平台移动应用的其他开发人员阅读使用。

◆ 著　　[美]邦尼·艾森曼
　译　　张俊达　黄为伟
　责任编辑　温　雪
　责任印制　周昇亮

◆ 人民邮电出版社出版发行　北京市丰台区成寿寺路11号
　邮编　100164　电子邮件　315@ptpress.com.cn
　网址　http://www.ptpress.com.cn
　北京鑫正大印刷有限公司印刷

◆ 开本：800×1000　1/16
　印张：13
　字数：308千字　　　　　　　　2019年4月第1版
　印数：1-2 500册　　　　　　　2019年4月北京第1次印刷
　著作权合同登记号　图字：01-2018-8082号

定价：69.00元
读者服务热线：(010)51095186转600　印装质量热线：(010)81055316
反盗版热线：(010)81055315
广告经营许可证：京东工商广登字 20170147 号

版权声明

© 2018 by Bonnie Eisenman.

Simplified Chinese Edition, jointly published by O'Reilly Media, Inc. and Posts & Telecom Press, 2019. Authorized translation of the English edition, 2019 O'Reilly Media, Inc., the owner of all rights to publish and sell the same.

All rights reserved including the rights of reproduction in whole or in part in any form.

英文原版由 O'Reilly Media, Inc. 出版，2018。

简体中文版由人民邮电出版社出版，2019。英文原版的翻译得到 O'Reilly Media, Inc. 的授权。此简体中文版的出版和销售得到出版权和销售权的所有者——O'Reilly Media, Inc. 的许可。

版权所有，未得书面许可，本书的任何部分和全部不得以任何形式重制。

O'Reilly Media, Inc.介绍

O'Reilly Media 通过图书、杂志、在线服务、调查研究和会议等方式传播创新知识。自 1978 年开始，O'Reilly 一直都是前沿发展的见证者和推动者。超级极客们正在开创着未来，而我们关注真正重要的技术趋势——通过放大那些"细微的信号"来刺激社会对新科技的应用。作为技术社区中活跃的参与者，O'Reilly 的发展充满了对创新的倡导、创造和发扬光大。

O'Reilly 为软件开发人员带来革命性的"动物书"；创建第一个商业网站（GNN）；组织了影响深远的开放源代码峰会，以至于开源软件运动以此命名；创立了 *Make* 杂志，从而成为 DIY 革命的主要先锋；公司一如既往地通过多种形式缔结信息与人的纽带。O'Reilly 的会议和峰会集聚了众多超级极客和高瞻远瞩的商业领袖，共同描绘出开创新产业的革命性思想。作为技术人士获取信息的选择，O'Reilly 现在还将先锋专家的知识传递给普通的计算机用户。无论是通过书籍出版、在线服务还是面授课程，每一项 O'Reilly 的产品都反映了公司不可动摇的理念——信息是激发创新的力量。

业界评论

"O'Reilly Radar 博客有口皆碑。"
——*Wired*

"O'Reilly 凭借一系列非凡想法（真希望当初我也想到了）建立了数百万美元的业务。"
——*Business 2.0*

"O'Reilly Conference 是聚集关键思想领袖的绝对典范。"
——*CRN*

"一本 O'Reilly 的书就代表一个有用、有前途、需要学习的主题。"
——*Irish Times*

"Tim 是位特立独行的商人，他不光放眼于最长远、最广阔的视野，并且切实地按照 Yogi Berra 的建议去做了：'如果你在路上遇到岔路口，走小路（岔路）。'回顾过去，Tim 似乎每一次都选择了小路，而且有几次都是一闪即逝的机会，尽管大路也不错。"
——*Linux Journal*

目录

前言 ··· xi

第 1 章　初识 React Native ·· 1
1.1　React Native 的优点 ·· 2
1.1.1　开发者体验 ·· 2
1.1.2　代码复用与知识共享 ··· 3
1.2　风险和缺点 ··· 4
1.3　小结 ··· 4

第 2 章　React Native 工作原理 ··· 5
2.1　React Native 是如何工作的 ·· 5
2.2　渲染周期 ··· 7
2.3　在 React Native 中创建组件 ·· 7
2.3.1　编写视图 ·· 8
2.3.2　使用 JSX ··· 9
2.3.3　原生组件的样式 ··· 10
2.4　宿主平台 API ··· 11
2.5　小结 ·· 11

第 3 章　构建你的第一个应用 ·· 12
3.1　搭建环境 ··· 12
3.2　使用 Create React Native App 进行开发配置 ··························· 13
3.2.1　使用 create-react-native-app 创建你的第一个应用 ········· 13
3.2.2　在 iOS 或者 Android 中预览应用 ································· 14
3.3　使用传统方式进行开发配置 ··· 15
3.3.1　使用 react-native 创建第一个应用 ································ 15

3.3.2 在 iOS 平台运行 React Native 应用 ··16
  3.3.3 在 Android 平台运行 React Native 应用 ·································17
 3.4 探索示例代码 ··17
 3.5 开发天气应用 ··20
  3.5.1 处理用户输入 ···21
  3.5.2 展现数据 ··24
  3.5.3 从 Web 获取数据 ··26
  3.5.4 添加背景图片 ···30
  3.5.5 整合 ···31
 3.6 小结 ··33

第 4 章 移动应用组件
 4.1 类比 HTML 元素与原生组件 ··35
  4.1.1 文本组件 ··36
  4.1.2 图片组件 ··38
 4.2 处理触摸和手势 ···39
  4.2.1 使用 `<Button>` 创建基础交互 ···40
  4.2.2 使用 `<TouchableHighlight>` 组件 ··40
  4.2.3 使用 PanResponder 类 ···43
 4.3 使用列表 ···49
  4.3.1 使用基础的 `<FlatList>` 组件 ···50
  4.3.2 更新 `<FlatList>` 的内容 ···52
  4.3.3 整合真实数据 ···56
  4.3.4 使用 `<SectionList>` ···59
 4.4 导航 ··62
 4.5 其他结构化组件 ···63
 4.6 小结 ··64

第 5 章 样式
 5.1 声明和操作样式 ···65
  5.1.1 内联样式 ··66
  5.1.2 对象样式 ··66
  5.1.3 使用 Stylesheet.create ···67
  5.1.4 样式拼接 ··67
 5.2 组织和继承 ···69
  5.2.1 导出样式对象 ···69
  5.2.2 样式作为属性传递 ··70
  5.2.3 复用和共享样式 ···70
 5.3 定位和设计布局 ···71

	5.3.1	使用 flexbox 布局	71
	5.3.2	使用绝对定位	75
	5.3.3	学以致用	75
5.4	小结		79

第 6 章 平台 API 80

- 6.1 使用定位 API ··· 80
  - 6.1.1 获取用户地理位置 ··· 81
  - 6.1.2 处理权限问题 ··· 81
  - 6.1.3 在模拟器上测试定位 ··· 82
  - 6.1.4 监听用户位置 ··· 84
  - 6.1.5 限制 ··· 84
  - 6.1.6 改进天气应用 ··· 84
- 6.2 使用用户图片与摄像头 ··· 87
  - 6.2.1 使用相机模块进行交互 ··· 87
  - 6.2.2 通过 getPhotoParams 获取图片 ··· 88
  - 6.2.3 从相机渲染一张图片 ··· 89
  - 6.2.4 上传图片至服务器 ··· 90
- 6.3 AsyncStore 持久化数据存储 ··· 91
- 6.4 SmarterWeather 应用 ··· 92
  - 6.4.1 `<WeatherProject>` 组件 ··· 92
  - 6.4.2 `<Forecast>` 组件 ··· 95
  - 6.4.3 `<Button>` 组件 ··· 96
  - 6.4.4 `<LocationButton>` 组件 ··· 96
  - 6.4.5 `<PhotoBackdrop>` 组件 ··· 97
- 6.5 小结 ··· 99

第 7 章 模块和原生代码 100

- 7.1 使用 npm 安装 JavaScript 类库 ··· 100
- 7.2 安装包含原生代码的第三方组件 ··· 102
- 7.3 Objective-C 原生模块 ··· 103
  - 7.3.1 编写 iOS 的 Objective-C 原生模块 ··· 103
  - 7.3.2 探索 react-native-video iOS 版本 ··· 107
- 7.4 Java 原生模块 ··· 110
  - 7.4.1 编写 Android 的 Java 原生模块 ··· 110
  - 7.4.2 探索 react-native-video Java 版本 ··· 113
- 7.5 跨平台原生模块 ··· 116
- 7.6 小结 ··· 116

第 8 章 平台特定代码 · · · · · · 118
8.1 仅 iOS/仅 Android 可用的组件 · · · · · · 118
8.2 平台特定组件的实现 · · · · · · 119
8.2.1 使用平台特定的文件扩展名 · · · · · · 119
8.2.2 使用平台模块 · · · · · · 122
8.3 何时使用平台特定组件 · · · · · · 122

第 9 章 调试与开发者工具 · · · · · · 123
9.1 JavaScript 调试实践和解释 · · · · · · 123
9.1.1 激活开发者选项 · · · · · · 123
9.1.2 使用 console.log 调试 · · · · · · 125
9.1.3 使用 JavaScript 调试器 · · · · · · 126
9.1.4 使用 React 开发者工具 · · · · · · 127
9.2 React Native 调试工具 · · · · · · 128
9.2.1 使用审查元素功能 · · · · · · 128
9.2.2 宕机红屏 · · · · · · 129
9.3 JavaScript 之外的调试方法 · · · · · · 132
9.3.1 常见的开发环境问题 · · · · · · 132
9.3.2 常见的 Xcode 问题 · · · · · · 133
9.3.3 常见的 Android 问题 · · · · · · 134
9.3.4 React Native 包管理器 · · · · · · 135
9.3.5 部署至 iOS 设备的问题 · · · · · · 135
9.3.6 模拟器行为 · · · · · · 136
9.4 测试代码 · · · · · · 137
9.4.1 使用 Flow 进行类型检查 · · · · · · 137
9.4.2 使用 Jest 进行单元测试 · · · · · · 138
9.4.3 使用 Jest 进行快照测试 · · · · · · 139
9.5 当你陷入困境 · · · · · · 142
9.6 小结 · · · · · · 142

第 10 章 大型应用中的导航与结构 · · · · · · 143
10.1 闪卡应用 · · · · · · 143
10.2 项目结构 · · · · · · 145
10.2.1 应用屏幕 · · · · · · 146
10.2.2 可复用组件 · · · · · · 152
10.2.3 样式 · · · · · · 156
10.2.4 数据模型 · · · · · · 157
10.3 使用 React Navigation · · · · · · 159
10.3.1 创建 StackNavigator · · · · · · 160

　　　　10.3.2　使用 navigation.navigate 在屏幕之间过渡 160
　　　　10.3.3　使用 navigationOptions 配置页眉 163
　　　　10.3.4　实现余下逻辑 164
　　10.4　本章小结 165
第 11 章　大型应用中的状态管理 166
　　11.1　使用 Redux 管理状态 166
　　11.2　action 167
　　11.3　reducer 169
　　11.4　连接 Redux 172
　　11.5　使用 AsyncStorage 持久化数据 179
　　11.6　本章小结和作业 182
总结 183
附录 A　现代 JavaScript 语法 184
附录 B　部署应用 189
附录 C　使用 Expo 应用 192
作者简介 193
关于封面 193

前言

本书将介绍 React Native，一款由 Facebook 公司出品的、用来构建移动应用的 JavaScript 框架。在 React Native 中利用现有的 JavaScript 和 React 知识，就可以开发和部署功能齐全的、真正原生渲染的移动应用，并同时支持 iOS 与 Android 平台。在不牺牲原生样式和体验的前提下，React Native 比传统的移动开发有更多优势。

我们将从基础开始学习，然后逐步深入，最终部署一款 100% 代码复用的、成熟的移动应用到 iOS 和 Android 平台。除了框架本身的概念讲解之外，我们还将讨论如何使用第三方库，以及如何编写自己的 Java 或 Objective-C 的 React Native 扩展。

如果你想从前端工程师或 Web 开发者的视角接触移动应用开发，那么本书就是为你量身定制的。React Native 是一款令人惊奇的框架，愿你怀着和我一样喜悦的心情来探索它。

预备知识

本书总体上不是介绍 React 的，我们假设你对 React 已经有一些了解。如果你从未接触过 React，我建议你在正式开始学习移动开发之前先阅读一两篇相关的教程，尤其应该熟悉 React 的属性（`props`）和状态（`state`）、组件的生命周期，以及如何创建 React 组件等知识。

同时，我们也会使用一些现代 JavaScript 和 JSX 的语法。如果你对这些还不太熟悉也没有关系，我们将在第 2 章讲解 JSX，在附录 A 中介绍现代 JavaScript 的语法。这些语法本质上与你习惯的 JavaScript 代码是一对一的解析关系。

本书主要关注使用 React Native 来编写 iOS 和 Android 应用，不过 React Native 还可以用来编写运行在 Ubuntu、Windows 和 macOS 上的应用。Linux 和 Windows 用户可以使用 React Native 来开发 Android 应用，但是要编写 iOS 应用，你就需要在 macOS 系统上进行开发。

排版约定

本书使用了下列排版约定。

- **黑体**
  表示新术语。

- 等宽字体（`constant width`）
  表示程序片段，以及正文中出现的变量、函数名、数据库、数据类型、环境变量、语句和关键字等。

- 加粗等宽字体（**`constant width bold`**）
  表示应该由用户输入的命令或其他文本。

- 等宽斜体（*`constant width italic`*）
  表示应该由用户输入的值或根据上下文确定的值替换的文本。

该图标表示一般注记。

该图标表示提示或建议。

该图标表示警告或警示。

使用代码示例

补充材料（代码示例、练习等）可以从 https://github.com/bonniee/learning-react-native 下载。

本书是要帮你完成工作的。一般来说，如果本书提供了示例代码，你可以把它用在你的程序或文档中。除非你使用了很大一部分代码，否则无须联系我们获得许可。比如，用本书的几个代码片段写一个程序就无须获得许可，销售或分发 O'Reilly 图书的示例光盘则需要获得许可；引用本书中的示例代码回答问题无须获得许可，将书中大量的代码放到你的产品文档中则需要获得许可。

我们很希望但并不强制要求你在引用本书内容时加上引用说明。引用说明一般包括书名、作者、出版社和ISBN。比如，"*Learning React Native, Second Edition*, by Bonnie Eisenman (O'Reilly). Copyright 2018 Bonnie Eisenman, 978-1-491-98914-2"。

如果你觉得自己对示例代码的用法超出了上述许可的范围，欢迎你通过 permissions@oreilly.com 与我们联系。

O'Reilly Safari

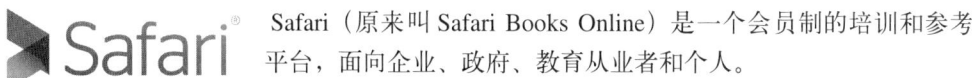

Safari（原来叫 Safari Books Online）是一个会员制的培训和参考平台，面向企业、政府、教育从业者和个人。

会员可以访问几千种图书、培训视频、学习路径、互动式教程和精选播放列表，提供这些资源的出版商超过 250 家，包括 O'Reilly Media、Harvard Business Review、Prentice Hall Professional、Addison-Wesley Professional、Microsoft Press、Sams、Que、Peachpit Press、Adobe、Focal Press、Cisco Press、John Wiley & Sons、Syngress、Morgan Kaufmann、IBM Redbooks、Packt、Adobe Press、FT Press、Apress、Manning、New Riders、McGraw-Hill、Jones & Bartlett、Course Technology，等等。

要获得更多信息，请访问 http://oreilly.com/safari。

联系我们

请把对本书的评价和问题发给出版社。

美国：

O'Reilly Media, Inc.
1005 Gravenstein Highway North
Sebastopol, CA 95472

中国：

北京市西城区西直门南大街 2 号成铭大厦 C 座 807 室（100035）
奥莱利技术咨询（北京）有限公司

O'Reilly 的每一本书都有专属网页，你可以在那儿找到本书的相关信息，包括勘误表、示例代码以及其他信息。本书的网站地址是：http://shop.oreilly.com/product/0636920085270.do。

对于本书的评论和技术性问题，请发送电子邮件到：bookquestions@oreilly.com。

要了解更多 O'Reilly 图书、培训课程、会议和新闻的信息，请访问以下网站：http://www.oreilly.com。

我们在 Facebook 的地址如下：http://facebook.com/oreilly。

请关注我们的 Twitter 动态：http://twitter.com/oreillymedia。

我们的 YouTube 视频地址如下：http://www.youtube.com/oreillymedia。

资源

单枪匹马会让学习过程变得困难。虽然事实并不一定如此，但你不一定要这样做。这里有一些资源，也许在阅读过程中会给你带来一些帮助。

- 本书中所有的代码示例都在 GitHub 代码仓库（https://github.com/bonniee/learning-react-native）中，如果在学习过程中遇到困难或者需要代码的上下文，不妨看看这里。
- 加入 LearningReactNative.com 的邮件列表获取后续的文章、建议和实用的资源。
- 官方文档（https://facebook.github.io/react-native/）中有大量优秀的参考资料。

此外，React Native 社区也是实用的资源。

- Stack Overflow 上的 react-native 标签分类（https://stackoverflow.com/questions/tagged/react-native）。
- Reactiflux（https://www.reactiflux.com/）聊天组有许多核心贡献者和乐于助人的成员。
- Freenode 上的 #reactnative 小组（irc://chat.freenode.net/reactnative）。

致谢

写成本书离不开大家的帮助和支持。首先要感谢我的编辑 Meg Foley 以及 O'Reilly 团队中的其他成员。同时也要感谢技术审稿人 Ryan Hurley、Dave Benjamin、David Bieber、Jason Brown、Erica Portnoy 和 Jonathan Stark，他们花费了大量时间审阅本书并提出了深有见地的反馈意见。感谢 React Native 团队，如果没有他们杰出的产品，自然也不会有本书的诞生。感谢 Zachary Elliot 对闪卡应用和 Android 测试以及整个开发过程提供的帮助。我很感谢你们的支持。

最后，非常感谢我亲爱的家人和朋友们，在本书写作过程中给了我无限的包容、莫大的精神支持和悉心的指导，并在需要的时候陪我消遣。谢谢你们！

电子书

扫描如下二维码，即可购买本书电子版。

第 1 章
初识React Native

React Native 是一款用来开发真正原生渲染的 iOS 和 Android 移动应用的 JavaScript 框架。它基于 Facebook 公司开源的 JavaScript 用户界面开发框架 React 而产生，但 React 将浏览器作为渲染平台，而 React Native 的渲染平台则是移动设备。也就是说，Web 开发者现在就可以使用我们非常熟悉的 JavaScript 类库来开发真正原生的移动应用。并且，由于编写的大部分代码可以在平台之间共享，React Native 可以让你更简单地同步开发 Android 和 iOS 应用。

与 Web 平台上的 React 相似，React Native 也使用 JSX 语法进行开发，这种语法结合了 JavaScript 和类 XML 标记语言。React Native 在后台通过"桥接"的方式，调用由 Objective-C（iOS 平台）或 Java（Android 平台）开放的原生渲染 API，因此，你的应用将使用真正原生的移动 UI 组件进行渲染，而不是传统的 WebView 方式，进而拥有与其他移动应用一样的外观和体验。同时，React Native 也为平台上的 API 开放了 JavaScript API，让你的应用能够使用平台提供的功能，例如摄像头和用户定位等。

React Native 项目的核心代码实现同时支持 iOS 和 Android。开发者社区还提供了其他平台的实现支持，包括 Windows（https://github.com/Microsoft/react-native-windows）、Ubuntu（https://github.com/CanonicalLtd/react-native）和 Web（https://github.com/necolas/react-native-web），等等。

没错，你完全可以用 React Native 来开发用于正式发布的移动应用。据了解，Facebook、Airbnb、Walmart 和百度等公司，已经在生产环境中使用它来提供面向用户的应用。

1.1　React Native的优点

事实上，React Native 调用宿主平台标准渲染 API 的方式已经使它从其他现有的跨平台应用开发方案（比如 Cordova 或 Ionic）中脱颖而出。目前通过编写 JavaScript、HTML 和 CSS 的方式进行应用开发的方案大多使用 WebView 进行界面渲染，当然这种方案是可行的，但也带来了一些问题，尤其是性能损耗。同时，这种方案通常无法使用宿主平台的原生 UI 组件，所以这些框架尝试去模仿原生 UI 组件的行为，而模仿的效果通常让人觉得不够真实。为了模仿各种类似动画这样的细节，一般都要付出巨大的努力，然而它们很快又会过时。

相比之下，React Native 则将你的代码解析成真正原生的 UI 组件，利用了所用平台上现有的视图渲染方式。并且，由于 React 不在 UI 主线程中运行，你的应用可以在不牺牲灵活性的前提下保持高性能。React Native 的生命周期与 React 相同，当属性（props）或状态（state）发生改变时，React Native 会重新渲染视图。而与浏览器上的 React 最大的不同在于，React Native 使用了宿主平台上的 UI 元素来代替 HTML 和 CSS。

对于习惯了 Web 平台的 React 开发者来说，这意味着你可以使用熟悉的工具来开发真正原生的移动应用。在开发者体验与跨平台开发等方面，React Native 较传统的移动端开发来说也有一定的优势。

1.1.1　开发者体验

如果你曾经有过移动端的开发经历，将会对 React Native 的易用性感到震惊。React Native 团队已经研发了强大的开发工具，并在框架内嵌入了友好的错误提示，因此使用这些强大的工具会让开发体验更加自然。

例如，由于 React Native "仅"使用了 JavaScript，我们查看修改结果时不需要重新编译。相反，只需要和网页开发一样，刷新应用即可。在传统移动端开发中，编译构建应用所花费的时间会积少成多，相比之下 React Native 的快速迭代就像是天赐之福。

React Native 还可以让你更好地利用智能调试工具以及错误报告机制。如果你习惯于使用 Chrome 或者 Safari 的开发工具（见图 1-1），那么使用它们进行移动开发一定也会让你十分愉悦。同样，你可以选择喜爱的任何文本编辑器来开发 JavaScript。React Native 不强制你使用 Xcode 进行 iOS 开发，也不强制使用 Android Studio 进行 Android 开发。

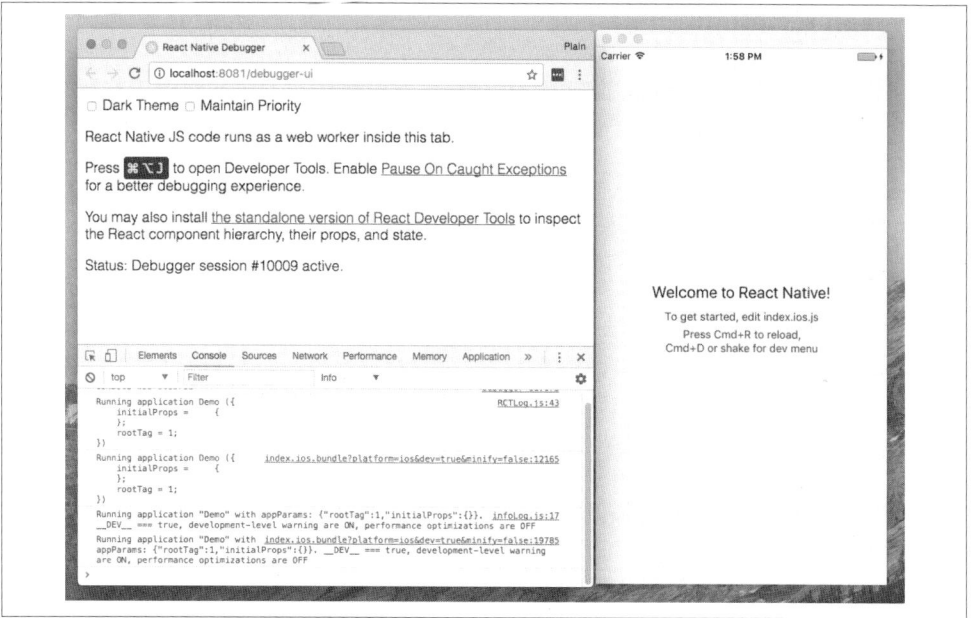

图 1-1：使用 Chrome 调试器开发 React Native

除了能逐渐改善开发者体验之外，React Native 也有可能给你的产品发布周期带来一些积极的影响。例如，Apple 公司和 Google 公司允许通过网络对基于 JavaScript 开发的功能进行更新，无须额外的审核周期。对于 iOS 平台来说这非常实用，因为应用的更新周期通常需要数天甚至是数周时间来审核。

所有这些小福利将会节省你和你的伙伴们的时间和精力，让你可以专注于工作中那些更有趣的部分，同时也能提高你的工作效率。

1.1.2 代码复用与知识共享

使用 React Native 可以大大减少开发移动应用所需的资源。任何了解如何编写 React 的开发者现在都可以使用相同的技能同时开发 Web 应用、iOS 应用和 Android 应用。React Native 避免了按平台分工的必要，可以让你的团队更加快速地迭代产品，并更加高效地共享知识和资源。

除了知识的共享之外，你的大部分代码也可以被共享。当然，并非你写的**所有**代码都可以做到跨平台，这取决于你需要在特定的平台上实现什么功能，你可能偶尔也需要涉及 Objective-C 或 Java 的知识（我们将在第 7 章讲解所谓的本地模块的用法）。使用 React Native，在不同平台之间复用代码将会变得出乎意料地简单。例如，Facebook Ads Manager 这款 Android 应用共享了其 iOS 版本 87% 的代码。另外，我们通过本书完成的一款闪卡应用做到了 iOS 和 Android 代码的完全复用。这是很难超越的成就！

1.2 风险和缺点

就像世间万物一样，React Native 也难免存在一些缺点，至于 React Native 是否适合你的团队，则取决于你们自身的情况。

由于 React Native 在项目中会引入额外的一层，因此带来了一些调试上的麻烦，尤其是在 React 和宿主平台进行交互时。在第 9 章中，我们会深入讨论 React Native 的调试，并尝试解决一些最常见的问题。

同样，当宿主平台发布更新时——例如新版本的 Android 发布了一套新的 API 时——要让 React Native 完全支持它，会有一定的滞后时间。好消息是，在绝大多数情况下，你可以自行实现对缺失的 API 的支持，我们会在第 7 章中说明。此外，如果你确实遇到了障碍，也不需要被 React Native 框架所困住——许多公司都已经成功实现了混合开发应用的方式。

在编写应用时，选择平台确实是一项非常重要的抉择。不过总体来说，我觉得你将会看到它带来的收益大于风险。

1.3 小结

React Native 是一款振奋人心的框架，它使得 Web 开发者可以使用他们现有的 JavaScript 知识开发出强大的移动应用。在不牺牲用户体验和应用质量的前提下，React Native 提高了开发效率，提供了在 iOS、Android 和 Web 平台上的代码共享。由于它会让你的应用安装变得有些复杂，你在使用时需要作一番权衡。如果你的团队可以解决这一问题，并且想开发跨平台的应用，那么不妨试试 React Native 吧。

在下一章中，我们将看一看 React Native 与用于 Web 平台的 React 的主要区别，并讲解一些关键的概念。如果你想跳过这个部分，可以直接跳到第 3 章的实战部分，第 3 章会从开发环境的搭建讲起，着手开发我们的第一个 React Native 应用。

第 2 章
React Native 工作原理

在本章中，我们将介绍有关**桥接**的知识，了解 React Native 在后台是如何工作的，再看看 React Native 组件与 Web 平台上的组件有何区别，以及开发移动应用所需的组件创建与样式的知识。

如果想学习 React Native 的实战部分，你可以直接跳到下一章。

2.1 React Native 是如何工作的

使用 JavaScript 开发移动应用的想法可能有些奇怪。在移动环境中使用 React 是怎样实现的呢？为了更好地理解 React Native 的工作原理，我们首先需要回顾一下 React 的一个特点：Virtual DOM（虚拟 DOM）。

在 React 中，Virtual DOM 就像是一个中间层，介于开发者描述的视图与实际在页面上渲染的视图之间。为了在浏览器上渲染出可交互的用户界面，开发者必须操作浏览器的文档对象模型（DOM，document object model）。这个操作代价昂贵，对 DOM 的过度操作将会给性能带来严重的影响。React 维护了一个内存版本的 DOM，通过计算得出必要的最小操作并重新渲染。图 2-1 展示了这个工作过程。

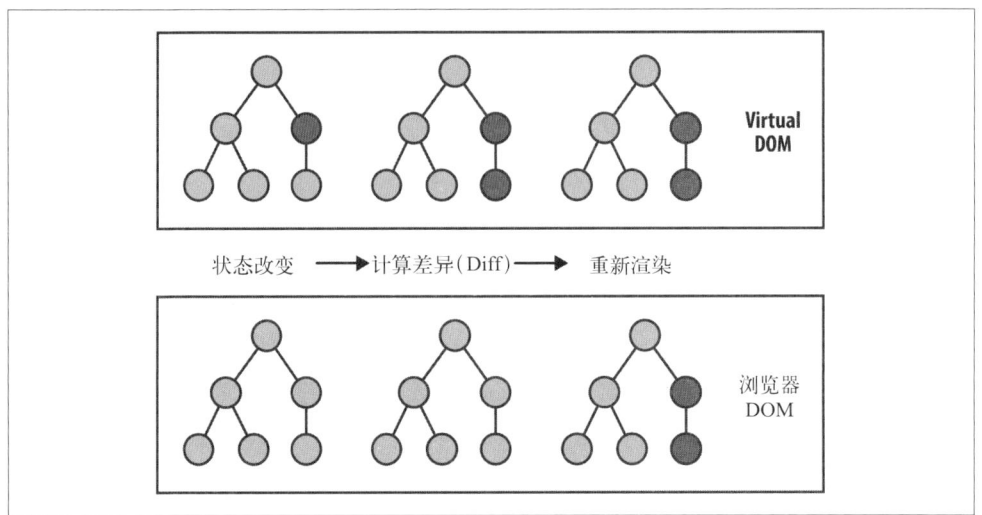

图 2-1:执行 Virtual DOM 的计算,减少浏览器 DOM 的重复渲染

对于 Web 环境的 React 而言,大多数的开发者认为 Virtual DOM 的出现主要是为了优化性能。Virtual DOM 确实能提升性能,但它主要的潜力在于提供了强大的抽象能力。在开发者的代码与实际的渲染之间加入一个抽象层,这带来了很多可能性。想象一下,如果 React 能够渲染到浏览器以外的其他平台呢?毕竟,React 已经"理解"了你的应用应该如何展现。

确实,这就是 React Native 的工作原理,如图 2-2 所示。React Native 调用 Objective-C 的 API 去渲染 iOS 组件,调用 Java API 去渲染 Android 组件,而不是渲染到浏览器 DOM 上。这使得 React Native 不同于那些基于 Web 视图的跨平台应用开发方案。

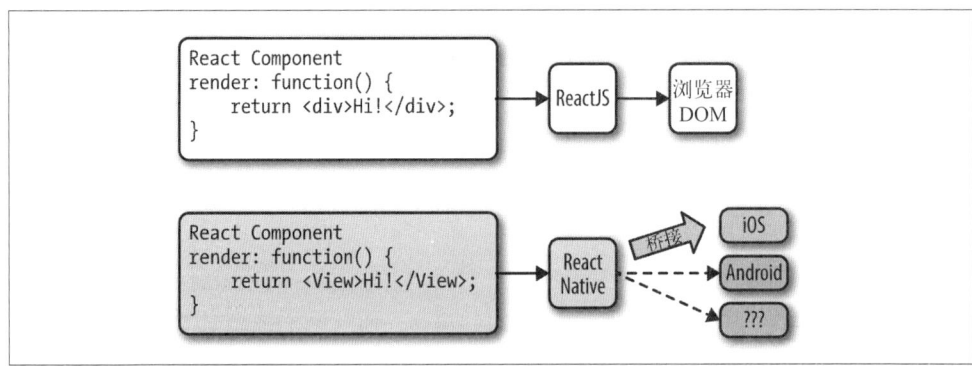

图 2-2:React 可以渲染到多平台上

桥接令这一切成为可能,它使得 React 可调用宿主平台开放的 UI 组件。React 组件通过 render 方法返回了描述界面的标记代码。如果是在 Web 平台上,React 最终将把标记代码解析成浏览器的 DOM;而在 React Native 中,标记代码会被解析成特定平台的组件,例如

`<View>` 将会表现为 iOS 平台上的 `UIView`。

React Native 目前同时支持了 iOS 和 Android 两种平台。由于 Virtual DOM 提供了抽象层，React Native 也可以支持其他平台，只需为其提供桥接即可。例如，开发者社区实现了 React Native 的 Windows（https://github.com/Microsoft/react-native-windows）和 Ubuntu（https://github.com/CanonicalLtd/react-native）版本，因此你还可以使用 React Native 来创建桌面应用。

2.2 渲染周期

如果你习惯使用 React，那你应该熟悉 React 的生命周期。当 React 在 Web 环境中运行时，渲染周期始于 React 组件挂载之后（见图 2-3）。

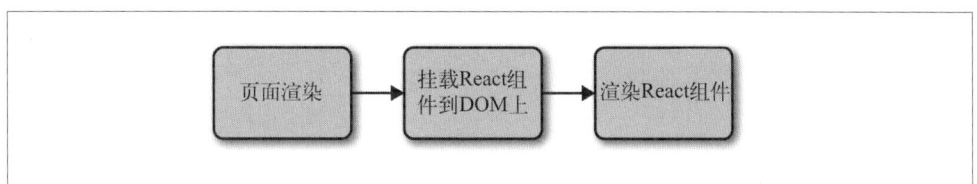

图 2-3：React 组件挂载过程

接着，React 进入渲染周期并根据需要渲染组件（见图 2-4）。

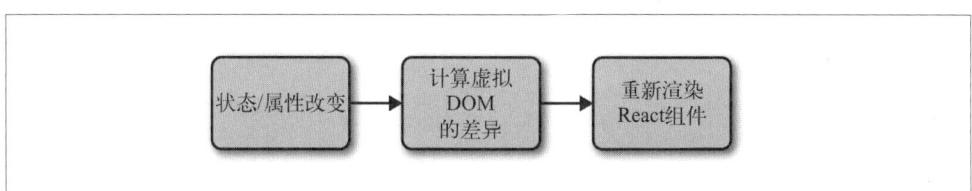

图 2-4：React 组件重新渲染过程

在渲染阶段，React 将开发者在 `render` 方法中返回的 HTML 标记直接按需渲染到页面上。

至于 React Native，生命周期与 React 基本相同，但渲染过程有一些区别，因为 React Native 依赖于桥接，正如先前图 2-2 所示。JavaScript 通过桥接的解析，间接调用宿主平台的基础 API 和 UI 元素（也就是 Objective-C 或 Java）。由于 React Native 不在 UI 主线程运行，它可以在不影响用户体验的前提下执行这些异步调用。

2.3 在React Native中创建组件

所有的 React 代码都存在于 React 组件中。React Native 组件与 React 组件大体上一致，但在渲染和样式方面有一些重要的区别。

2.3.1 编写视图

当编写 Web 环境的 React 时，视图最终需要渲染成普通的 HTML 元素（`<div>`、`<p>`、`<span>`、`<a>` 等）。而在 React Native 中，所有的元素都将被平台特定的 React 组件所替换（见表 2-1）。最基础的组件是能跨平台的 `<View>`，这是一个简单且灵活的 UI 元素，类似于 `<div>` 标签。例如，在 iOS 中，`<View>` 组件被渲染成 UIView，而在 Android 平台上则被渲染成 View。

表2-1：React与React Native基础元素的比较

React	React Native
`<div>`	`<View>`
`<span>`	`<Text>`
`<li>`、`<ul>`	`<FlastList>` 中的子条目
`<img>`	`<Image>`

其他组件则是平台特定的。例如，`<DatePickerIOS>` 组件显然将被渲染成 iOS 标准的日期选择器（见图 2-5）。下面是从 RNTester 示例应用中摘录出来的代码，用来展示 iOS 日期选择器。正如你期待的那样，用法相当直观：

```
<DatePickerIOS
  date={this.state.date}
  mode="time"
/>
```

图 2-5：`<DatePickerIOS>`，顾名思义，是 iOS 特有的组件

我们所有的 UI 元素均为 React 组件，而不是像 `<div>` 这样基础的 HTML 元素，因此我们在使用每一个组件之前，都需要显式地进行导入。例如，我们可以这样导入 `<DatePickerIOS>` 组件：

```
import { DatePickerIOS } from "react-native";
```

RNTester 应用是一个打包的标准 React Native 示例（https://github.com/facebook/react-native/

tree/master/RNTester），可以让你查看它所支持的所有 UI 元素，建议你体验一下其中包含的各种元素。除此之外，它还讲解了许多关于样式和交互的知识。

 平台特定的元素和 API 在官方文档中有特殊的标签，通常使用平台名称作为后缀，例如 <TabBarIOS> 和 <ToolbarAndroid>。

这些组件因平台而不同，因此在使用 React Native 时，如何组织你的组件变得尤为重要。在 Web 环境的 React 中，我们通常混合各种 React 组件，有的组件控制逻辑及其子组件，而有的则渲染原生标记。在使用 React Native 时，如果你想复用代码，那么这些组件的抽象分离就至关重要。当然，如果一个组件渲染 <DatePickerIOS> 元素，那它显然不能在 Android 平台复用了。不过，如果一个组件封装的是关联**逻辑**，那就可以被复用。因此，视图组件可以根据平台进行替换选择。如果你乐意的话，还可以为组件设计平台特定的版本，例如 picker.ios.js 和 picker.android.js。我们将在 8.2 节具体讲解。

2.3.2 使用 JSX

与 React 相一致，React Native 也是通过编写 JSX 来设计视图，并将视图标记和控制逻辑组合在一起成为一个文件。React 刚问世的时候，JSX 在业界引起了强烈的反响。对于许多 Web 开发者来说，根据技术进行文件分离是理所当然的：保持 CSS、HTML 和 JavaScript 文件的独立。然而将标记、控制逻辑，甚至样式合并成一门语言难免会让人觉得混乱。

JSX 认为减少**心智负担**比文件分离更有用。在 React Native 中，这一点表现得更为明显。在一个没有浏览器的世界里，每个组件的样式、标记和行为被统一成单个文件的形式将会更有意义。因此，React Native 中的 .js 文件实际上就是 JSX 文件。如果你正在使用原生 JavaScript 编写 Web 环境的 React，你可以考虑转换到 JSX 语法来编写 React Native 项目。

假如你之前从未使用过 JSX，也不用太担心，它非常简单。举个例子，用纯 JavaScript 编写 React 组件的代码看起来如下：

```
class HelloMessage extends React.Component {
  render() {
    return React.createElement(
      "div",
      null,
      "Hello ",
      this.props.name
    );
  }
}

ReactDOM.render(
  React.createElement(HelloMessage, { name: "Bonnie" }), mountNode);
```

我们可以通过使用 JSX 使其更为简洁，使用类 XML 标记来代替调用 React.createElement 方法并传入一组 HTML 属性的做法。

```
class HelloMessage extends Component {
  render() {
      // 返回标记，而不是调用createElement方法
      return <div>Hello {this.props.name}</div>;
  }
}

// 我们不再需要调用createElement方法
ReactDOM.render(<HelloMessage name="Bonnie" />, mountNode);
```

以上两段代码最终都会在页面上被渲染为下面的 HTML：

```
<div>Hello Bonnie</div>
```

2.3.3 原生组件的样式

在 Web 中，正如使用 HTML 标签一样，我们仍然使用 CSS 来为 React 组件添加样式。不论你是否喜欢 CSS，它都已经成为 Web 开发不可或缺的一部分。React 通常不影响我们编写 CSS 的方式，并且它确实让样式的动态创建（通过 props 和 state）更加容易。除此之外，React 基本上不关心我们是如何处理样式的。

非 Web 平台上有大量的方法来处理布局和样式。但好在我们使用 React Native 时，只需要用一种标准的方法来处理样式。React 和宿主平台之间的桥接包含了一个缩减版 CSS 子集的实现。这个 CSS 子集主要通过 flexbox 进行布局，做到了尽量简单化，而不是去实现所有的 CSS 规则。有别于 Web 平台，CSS 的支持程度因浏览器而不同，React Native 则做到了样式规则的一致。在 React Native 配套的 RNTester 应用中不仅可以查看许多 UI 元素，还能看到许多支持的样式例子。

React Native 也坚持使用内联样式，通过 JavaScript 对象进行样式组织。React 团队先前也提倡在 Web 环境的 React 中使用内联样式。如果你曾经在 React 中使用过内联样式，那么下面的语法你一定非常熟悉了：

```
// 定义一个样式
const style = {
  backgroundColor: 'white',
  fontSize: '16px'
};

// 然后使用它
const txt = (
  <Text style={style}>
    A styled Text
  </Text>);
```

为了让样式更容易管理，React Native 为我们提供了创建和扩展样式的工具。我们将在第 5 章探索这部分内容。

内联样式的写法让你觉得难受？它基于 Web 背景而产生，被公认为标准实践的一个突破。相对于样式表来说，使用样式对象可能需要一些思维上的调整，从而改变你编写样式的方法。然而，在 React Native 中，这是一个实用的转变。我们将在第 5 章讨论编写样式的最佳实践和工作流程，你很难不对它的实际使用效果感到惊讶！

2.4 宿主平台 API

使用 Web 环境的 React 与 React Native 最大的不同，应该就在于宿主平台的 API 了。在 Web 中，我们通常要处理采纳标准的不一致和碎片化所引起的问题，并且大多数浏览器只支持部分核心的特性。然而在 React Native 中，平台特定的 API 在提供优秀原生的用户体验方面发挥了巨大的作用。当然，要考虑的方面还有很多。API 囊括了许多功能，从数据存储到地理服务，以及操控硬件设备（如摄像头）等。非常规平台上的 API 会更有趣，例如，React Native 和虚拟现实头盔之间的 API 会是什么样的呢？

默认情况下，iOS 和 Android 版本的 React Native 支持许多常用的特性，甚至可以支持任何异步的本地 API，本书中将会涉及这些内容。React Native 让宿主平台 API 的使用变得更加简单和直观，你可以在其中自由地试验。同时，务必思考一下怎样做才**符合**目标平台的体验，并在心里设计好交互过程。

毋庸置疑，React Native 的桥接不可能暴露宿主平台全部的 API。如果你需要使用一个未支持的特性，完全可以自己动手添加到 React Native 中。另外，如果其他人已经集成，那就更好了，所以应该及时查看社区中的实现。我们将在第 7 章讨论这部分知识。

值得注意的是，使用平台 API 也会对代码复用有帮助。同时，实现平台特定功能的 React 组件也是平台特定的。隔离和封装这些组件将会给你的应用带来更大的灵活性。当然，这对你开发 Web 应用同样奏效，如果你想共享 React 和 React Native 的代码，请记住像 DOM 这样的 API 在 React Native 中并不存在。

2.5 小结

使用 React Native 为移动应用编写组件与 Web 环境的 React 相比有一些不同。JSX 是强制使用的，并且我们通过创建组件的方式来开发基本模块，比如 `<View>` 代替了 `<div>` 这个 HTML 元素。样式方面也不太一样，我们通过使用 CSS 的子集编写内联语句的方式来编写样式。当然，这些调整都能得到很好的把控。在下一章中，我们将动手编写第一个移动应用！

第 3 章
构建你的第一个应用

本章将讲解如何搭建 React Native 开发环境以及如何构建一个简单的应用,并将其部署到自己的 iOS 或 Android 移动设备上。

3.1 搭建环境

搭建开发环境让你可以跟着本书的例子一起学习并开发你自己的应用。

有两种通用的方式可以建立 React Native 的开发环境。第一种是使用 Create React Native App 工具,这款工具可以让你便捷地进行安装,但是只支持纯 JavaScript 应用。第二种更加传统的方式是完整安装 React Native 和它的所有依赖。可以把 Create React Native App 当作一种快捷的方式,用来轻松进行测试和原型制作。

在附录 C 中可以找到关于如何从 Create React Native App 迁移到完整的 React Native 项目的内容。

应该选择哪种方式?我建议初学者选择 Create React Native App,这种方式更加适合教学和快速原型。

到最后,如果你要专业开发一款 React Native 应用,或者编写一款同时使用 JavaScript 及原生 Java、Objective-C 或者 Swift 代码的混合应用,你就需要安装完整的 React Native 项目。

这两种方式接下来都会介绍。后续章节中的示例代码通常是可以在其中任何一种方式中工作的。当某些代码不兼容 Create React Native App 并且需要完整的 React Native 项目时,会加以说明。

3.2 使用Create React Native App进行开发配置

Create React Native App (https://github.com/react-community/create-react-native-app) 是一个可以快速创建并运行 React Native 应用的命令行工具，无须安装 Xcode 或者 Android Studio 即可运行。

如果你想要快速上手运行，那么使用 Create React Native App 就是正确的选择。

Create React Native App 这款工具很棒，但是正如前面提到的，它只支持纯 JavaScript 的应用。在本书后面，我们将讨论如何将 React Native 应用和使用 Java 或者 Objective-C 编写的原生代码集成到一起。别担心，如果你从 Create React Native App 开始，依然可以转变成一个完整的 React Native 应用。

首先，我们要从 npm 安装 create-react-native-app 包。React Native 使用 npm 来管理依赖，npm 是 Node.js 的包管理器。不仅是 Node 环境，在 npm registry 中还包含了各种 JavaScript 项目包。

```
npm install -g create-react-native-app
```

3.2.1 使用create-react-native-app创建你的第一个应用

要使用 Create React Native App 创建一个新项目，只需要运行下列命令：

```
create-react-native-app first-project
```

这条命令会安装一些 JavaScript 依赖，以及应用的模板代码。项目目录看起来应该如下所示：

```
.
├── App.js
├── App.test.js
├── README.md
├── app.json
├── node_modules
├── package.json
└── yarn.lock
```

这个结构看起来像是一个简单的 JavaScript 项目。其中 package.json 包含了项目的元数据，以及项目的依赖。README.md 文件包含了运行项目相关的信息。App.test.js 中包含了一个简单的测试文件。应用代码位于 App.js。要修改这个项目，并构建你自己的应用，你需要从 App.js 入手。

在 3.5 节中，我们会开始构建天气应用，届时会更加详细地介绍这段代码所做的事情。

3.2.2 在iOS或者Android中预览应用

太棒了——现在你的应用已经准备好测试了。要运行应用，在命令行中输入：

```
cd first-project
npm start
```

你应该就能够看到图 3-1 所示的屏幕。

图 3-1：使用二维码预览 Create React Native App

要查看你的应用，你需要先安装 Expo 应用（https://expo.io/）的 iOS 或者 Android 版本。安装之后，将手机摄像头对准二维码，React Native 应用就能够加载出来。注意，手机和电脑需要在同一个网络中，并且能够互相通信。

恭喜你！现在你已经创建了第一个 React Native 应用，进行编译，并运行在真实的设备上。

在下一节中，我们将会介绍如何进行 React Native 完整、传统的安装。如果你想要直接开始编程，可以直接跳到 3.4 节。

3.3 使用传统方式进行开发配置

在 React Native 官方文档中,可以查看安装 React Native 及其所有依赖的指引。

你可以使用 Windows、macOS 或者 Linux 来开发 React Native 应用。然而,开发 iOS 应用只能使用 macOS。Linux 和 Windows 用户依然可以使用 React Native 来编写 Android 应用。

因为安装指令随着平台和 React Native 版本更新而变化,所以在这里我们不会详细介绍它们,但是你需要安装以下内容:

- node.js
- React Native
- iOS 开发环境(Xcode)
- Android 开发环境(JDK、Android SDK、Android Studio)

如果你不想同时安装 iOS 和 Android 开发者工具,那也可以,只要确保已经安装其中一种平台就足够了。

3.3.1 使用react-native创建第一个应用

你可以使用 React Native 命令行工具创建一个新应用。运行以下命令,即可安装这个命令行工具:

```
npm install -g react-native-cli
```

现在,我们可以通过运行以下命令,生成一个新的项目,同时包括 React Native、iOS 和 Android 的模板代码:

```
react-native init FirstProject
```

生成的目录结构应该类似于这样:

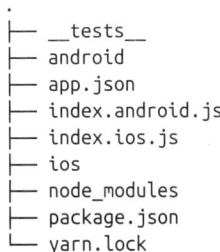

ios/ 和 android/ 目录包含了这些平台对应的模板。你的 React 代码放置在 index.ios.js 和 index.android.js 文件之中,分别是 React 应用不同平台的入口点。通过 npm 安装的依赖文件通常会被放在 node_modules/ 目录下。

3.3.2 在iOS平台运行React Native应用

要在 iOS 平台上运行应用，首先我们要进入新创建的项目目录。随后，你可以像这样运行 React Native 应用：

```
cd FirstProject
react-native run-ios
```

或者你可以在 Xcode 中打开应用，并从这里运行 iOS 模拟器：

```
open ios/FirstProject.xcodeproj
```

你还可以使用 Xcode，将应用上传到真实设备用户测试。要实现这一点，你需要一个免费的 Apple ID，用来配置代码签名。

要配置代码签名，可以在 Xcode 的项目导航中选择你的主要目标，也就是与项目同名的那一项。下一步，点击 General 标签。在 Signing 菜单下面的 Team 下拉菜单中，选择你的 Apple 开发者账号（见图 3-2）。随后你还需要为测试目标重复同样的步骤。

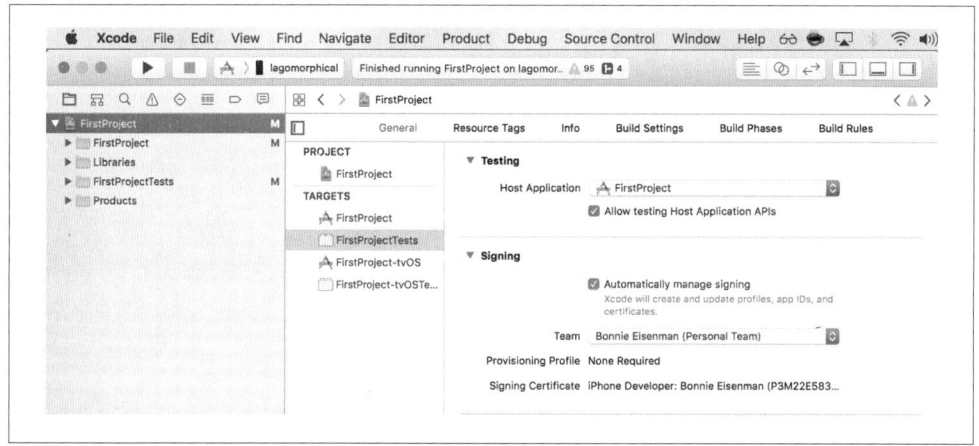

图 3-2：在 XCode 中选择团队，让你可以在物理设备上测试应用

当你第一次尝试在某台设备上运行应用时，XCode 会提示你登录 Apple 账号，并注册你的设备用于开发。

要了解更多关于如何在真实 iOS 设备上运行应用的细节，可以参考 Apple 的官方文档 (https://help.apple.com/xcode/mac/current/#/dev60b6fbbc7)。

请注意，你的 iOS 设备和电脑必须处于同一网络，才能运行你的应用。

3.3.3　在Android平台运行React Native应用

为了在 Android 平台运行 React Native 应用，需要安装完整的 Android 开发环境，其中包括 Android Studio 以及 Android SDK。这份入门文档（https://facebook.github.io/react-native/docs/getting-started.html）中可以看到 Android 依赖的列表。

要在 Android 上运行 React Native，可以输入：

```
react-native run-android
```

你还可以在 Android Studio 中打开应用，并从那里运行。

此外，你还可以在 Android 模拟器或者 USB 连接的物理设备上运行应用。要在物理设备上运行，你需要在设备的开发者选项中启用 USB 调试。更多的细节指引，请参考 Android Studio 文档（https://developer.android.com/studio/debug/dev-options.html）。

3.4　探索示例代码

我们已经运行并部署了默认的应用程序，接下来看看它是如何工作的。在这一节中，我们将深入到默认应用的源代码中去探索 React Native 项目的结构。

如果你用的是 Create React Native App，打开 App.js 文件（见例 3-1）。如果你使用的是完整的 React Native 项目，打开 index.ios.js 或者 index.android.js（见例 3-2）。

例 3-1　为 Create React Native App 项目创建的 App.js 初始代码

```
import React from "react";
import { StyleSheet, Text, View } from "react-native";

export default class App extends React.Component {
  render() {
    return (
      <View style={styles.container}>
        <Text>Hello, world!</Text>
      </View>
    );
  }
}

const styles = StyleSheet.create({
  container: {
    flex: 1,
    backgroundColor: "#fff",
    alignItems: "center",
    justifyContent: "center"
  }
});
```

例 3-2　为 React Native 完整项目创建的 index.ios.js 和 index.android.js 初始代码

```jsx
import React, { Component } from 'react';
import {
  AppRegistry,
  StyleSheet,
  Text,
  View
} from 'react-native';

export default class FirstProject extends Component {
  render() {
    return (
      <View style={styles.container}>
        <Text style={styles.welcome}>
          Welcome to React Native!
        </Text>
        <Text style={styles.instructions}>
          To get started, edit index.ios.js
        </Text>
        <Text style={styles.instructions}>
          Press Cmd+R to reload,{'\n'}
          Cmd+D or shake for dev menu
        </Text>
      </View>
    );
  }
}

const styles = StyleSheet.create({
  container: {
    flex: 1,
    justifyContent: 'center',
    alignItems: 'center',
    backgroundColor: '#F5FCFF',
  },
  welcome: {
    fontSize: 20,
    textAlign: 'center',
    margin: 10,
  },
  instructions: {
    textAlign: 'center',
    color: '#333333',
    marginBottom: 5,
  },
});

AppRegistry.registerComponent('FirstProject', () => FirstProject);
```

不管你用的是哪一种，让我们来谈谈这里发生的事情。

正如你在例 3-3 中所看到的那样，import 语句的使用方式，和基于 Web 的 React 项目相比，可能会有一点不同。

例 3-3　在 React Native 中导入 UI 元素

```
import React, { Component } from "react";
import {
  StyleSheet,
  Text,
  View
} from "react-native";
```

上面的语法挺有趣的。我们通过 require 语句导入了 React，但是下一行代码发生了什么呢？

React Native 的使用方面有一点比较奇特，那就是你要导入所需的每一个组件或模块。诸如 <div> 之类的标签是不存在的，如果你需要使用 <View> 和 <Text> 等组件，就要逐一导入。像 Stylesheet 和 AppRegistry 这样的库函数也需要使用以上语法导入。一旦开始开发自己的应用，我们就会探索 React Native 提供的其他库函数，同样也是需要导入才能使用。

如果你不熟悉这些语法，可以在附录 A 中查看例 A-4，它解释了 ES6 的解构特性。

接下来看看例 3-4 中的组件类。这些代码看起来亲切而熟悉，因为它就是普通的 React 组件。主要的区别是，它使用了 <Text> 和 <View> 组件代替了 <div> 和 <span>，并使用了样式对象。

例 3-4　带有样式的 FirstProject 组件

```
export default class FirstProject extends Component {
  render() {
    return (
      <View style={styles.container}>
        <Text style={styles.welcome}>
          Welcome to React Native!
        </Text>
        <Text style={styles.instructions}>
          To get started, edit index.ios.js
        </Text>
        <Text style={styles.instructions}>
          Press Cmd+R to reload,{'\n'}
          Cmd+D or shake for dev menu
        </Text>
      </View>
    );
  }
}

const styles = StyleSheet.create({
  container: {
    flex: 1,
    justifyContent: 'center',
```

构建你的第一个应用　|　19

```
    alignItems: 'center',
    backgroundColor: '#F5FCFF',
  },
  welcome: {
    fontSize: 20,
    textAlign: 'center',
    margin: 10,
  },
  instructions: {
    textAlign: 'center',
    color: '#333333',
    marginBottom: 5,
  },
});
```

正如之前所提到的，React Native 中所有的样式都采用样式对象来代替传统的样式表，标准的做法就是利用 StyleSheet 库进行样式的编写。你可以在文件的底部看到样式对象是如何定义的。需要注意的是，`<Text>` 组件可以使用文本特有的属性，如 `fontSize`，而所有的布局样式都使用 flexbox。我们将在第 5 章用更多篇幅介绍布局。

该示例应用很好地介绍了创建 React Native 应用的一些基本函数。它挂载了 React 组件用于渲染，并介绍了 React Native 的基本样式和渲染逻辑。我们还尝试将应用部署到真实设备上。但它依然是一个极其基础的缺乏用户交互的应用，接下来让我们尝试开发一个有更多功能的应用吧。

3.5 开发天气应用

本节中，我们将使用示例程序来开发天气应用。这个项目包括如何利用和结合样式表、flexbox、网络通信、用户输入和图像显示等知识来开发一个实用的应用程序，然后将其部署到 Android 或 iOS 设备上。

这部分内容可能会有些含糊不清，因为我们主要把精力集中在这些特性的用法上，而不是深入分析它们。不用担心进度太快，在后续的章节中，我们会将这个天气应用作为参考并深入讨论这些特性。

天气应用最终的界面如图 3-3 所示，用户可以通过文本框输入邮编进行查询。该应用利用 OpenWeatherMap 的 API 获取数据并展现当前天气情况。

图 3-3:天气应用成品

我们要做的第一件事就是在示例应用中替换默认的代码。将初始组件的代码移动到 WeatherProject.js 中。

如果你创建的是完整的 React Native 项目,请修改 index.ios.js 和 index.android.js 文件的内容,如例 3-5 所示。

例 3-5　精简后的 index.ios.js 和 index.android.js 代码(二者保持一致)

```
import { AppRegistry } from "react-native";
import WeatherProject from "./WeatherProject";
AppRegistry.registerComponent("WeatherProject", () => WeatherProject);
```

类似地,如果你使用 Create React Native App 创建了 React Native 应用,就需要替换 App.js 文件中的内容,如例 3-6 所示。

例 3-6　精简后的 App.js 内容,用于 Create React Native App 项目

```
import WeatherProject from "./WeatherProject";
export default WeatherProject;
```

3.5.1　处理用户输入

我们希望用户通过输入邮编获取该地区的天气预报,因此需要添加一个输入框提供给用户。首先,添加默认邮编信息至组件的初始状态中(见例 3-7)。

例 3-7　在 render 函数前加入这段邮编信息代码

```
constructor(props) {
  super(props);
  this.state = { zip: "" };
}
```

如果你已经习惯了使用 React.createClass() 来创建组件，而不是 JavaScript 类，可能会觉得上述代码很奇怪。在创建组件类时，我们可以通过在 constructor 方法中改变 this.state 变量，并设置 React 组件的初始 state 状态值。如果你想要查看组件的生命周期，可以参考 React 文档（https://reactjs.org/docs/react-component.html）。

接着，修改其中一个 <Text> 组件的内容为 this.state.zip，如例 3-8 所示。

例 3-8　添加 <Text> 组件，显示当前的邮编

```
<Text style={styles.welcome}>
  You input {this.state.zip}.
</Text>
```

我们用同样的方式添加一个 <TextInput> 组件，如例 3-9 所示。这是一个允许用户输入文本的基础组件。

例 3-9　添加 <Text> 组件，用于输入文本

```
<TextInput
  style={styles.input}
  onSubmitEditing={this._handleTextChange}/>
```

这个 <TextInput> 组件的文档和属性可以在 React Native 官网查看。为了监听一些事件，你可以往 <TextInput> 中传入回调函数，如 onChange 和 onFocus，但现在暂时不需要这么做。

注意，我们已经为其添加了样式，input 样式表如下：

```
const styles = StyleSheet.create({
  ...
  input: {
    fontSize: 20,
    borderWidth: 2,
    height: 40
  }
  ...
});
```

我们通过 onSubmitEditing 属性传递的回调，应当作为函数添加到组件中，如例 3-10 所示。

例 3-10　<TextInput> 的 handleText 回调

```
_handleTextChange = event => {
  this.setState({zip: event.nativeEvent.text})
}
```

通过使用箭头函数语法，我们可以确保回调函数能够正确绑定到函数实例中。React 会自动绑定 render 这样的生命周期方法，但是对于其他的方法，我们就需要注意 this 绑定的问题。箭头函数会在例 A-8 中介绍。

你还需要更新 import 语句，如例 3-11 所示。

例 3-11　在 React Native 中导入 UI 元素

```
import {
  ...
  TextInput
  ...
} from "react-native";
```

现在，尝试使用 iOS 模拟器运行你的应用。它可能不是很美观，但你应该可以成功地输入一个邮编并显示在 <Text> 组件上。

如果需要的话，也可以对用户的输入做一个验证来确保正确输入了 5 位数字，现在暂时略过。

例 3-12 展示了 WeatherProject.js 组件的完整代码。

例 3-12　WeatherProject.js 的这个版本简单地接收并记录用户的输入

```
import React, { Component } from "react";

import { StyleSheet, Text, View, TextInput } from "react-native";

class WeatherProject extends Component {
  constructor(props) {
    super(props);
    this.state = { zip: "" };
  }

  _handleTextChange = event => {
    this.setState({ zip: event.nativeEvent.text });
  };

  render() {
    return (
      <View style={styles.container}>
        <Text style={styles.welcome}>
          You input {this.state.zip}.
        </Text>
        <TextInput
          style={styles.input}
          onSubmitEditing={this._handleTextChange}
        />
      </View>
    );
  }
}

const styles = StyleSheet.create({
```

构建你的第一个应用 | 23

```
  container: {
    flex: 1,
    justifyContent: "center",
    alignItems: "center",
    backgroundColor: "#F5FCFF"
  },
  welcome: { fontSize: 20, textAlign: "center", margin: 10 },
  input: {
    fontSize: 20,
    borderWidth: 2,
    padding: 2,
    height: 40,
    width: 100,
    textAlign: "center"
  }
});

export default WeatherProject;
```

3.5.2 展现数据

现在,我们来开发根据邮编查询天气预报的功能。首先添加一些 mock 数据(虚拟的数据)到 WeatherProject.js 文件的初始状态值中。

```
constructor(props) {
  super(props);
  this.state = { zip: "", forecast: null };
}
```

为了让程序更加清晰,我们把天气预报分离成一个单独的组件,新建一个名为 Forecast.js 的文件(见例 3-13)。

例 3-13 Forecast.js 中的 <Forecast> 组件

```
import React, { Component } from "react";

import { StyleSheet, Text, View } from "react-native";

class Forecast extends Component {
  render() {
    return (
      <View style={styles.container}>
        <Text style={styles.bigText}>
          {this.props.main}
        </Text>
        <Text style={styles.mainText}>
          Current conditions: {this.props.description}
        </Text>
        <Text style={styles.bigText}>
          {this.props.temp}°F
        </Text>
      </View>
    );
```

```
      }
    }

    const styles = StyleSheet.create({
      container: { height: 130 },
      bigText: {
        flex: 2,
        fontSize: 20,
        textAlign: "center",
        margin: 10,
        color: "#FFFFFF"
      },
      mainText: { flex: 1, fontSize: 16, textAlign: "center", color: "#FFFFFF" }
    });

    export default Forecast;
```

<Forecast> 组件只能基于它的属性渲染一些 <Text> 文本,我们也会在文件的末尾添加一些简单的文本颜色之类的样式。

导入 <Forecast> 组件并添加到 render 方法中,通过 this.state.forecast 向它的属性传入数据(见例 3-14)。我们稍后会解决布局和样式问题。你能在图 3-4 看到 <Forecast> 组件最终显示的效果。

例 3-14　更新后的 WeatherProject.js,包含了 <Forecast> 组件

```
    import React, { Component } from "react";

    import { StyleSheet, Text, View, TextInput } from "react-native";
    import Forecast from "./Forecast";

    class WeatherProject extends Component {
      constructor(props) {
        super(props);
        this.state = { zip: "", forecast: null };
      }

      _handleTextChange = event => {
        this.setState({ zip: event.nativeEvent.text });
      };

      render() {
        let content = null;
        if (this.state.forecast !== null) {
          content = (
            <Forecast
              main={this.state.forecast.main}
              description={this.state.forecast.description}
              temp={this.state.forecast.temp}
            />
          );
        }
```

```
      return (
        <View style={styles.container}>
          <Text style={styles.welcome}>
            You input {this.state.zip}.
          </Text>
          {content}
          <TextInput
            style={styles.input}
            onSubmitEditing={this._handleTextChange}
          />
        </View>
      );
    }
  }

  const styles = StyleSheet.create({
    container: {
      flex: 1,
      justifyContent: "center",
      alignItems: "center",
      backgroundColor: "#F5FCFF"
    },
    welcome: { fontSize: 20, textAlign: "center", margin: 10 },
    input: {
      fontSize: 20,
      borderWidth: 2,
      padding: 2,
      height: 40,
      width: 100,
      textAlign: "center"
    }
  });

  export default WeatherProject;
```

因为我们现在还没有拿到需要渲染的天气数据,所以从视觉上看,应该还没有发生变化。

3.5.3 从Web获取数据

现在,让我们来探索使用 React Native 中可用的 API。你不需要使用 jQuery 在移动设备上发送 AJAX 请求,只需要使用 React Native 实现的 Fetch API 即可。如例 3-15 所示,这个 API 的语法基于 promise,用法相当简单。

例 3-15　使用 React Native Fetch API

```
fetch('http://www.somesite.com')
  .then((response) => response.text())
  .then((responseText) => {
    console.log(responseText);
  });
```

如果你还不习惯 promise 式的语法,请参见附录 A 中的 A.8 节。

我们会使用 OpenWeatherMap API，它提供了简单的端点，返回给定邮编的当前天气。这个 API 作为一个轻量库封装在 open_weather_map.js 中，如例 3-16 所示。

例 3-16 OpenWeatherMap 库，来自 src/weather/open_weather_map.js

```javascript
const WEATHER_API_KEY = "bbeb34ebf60ad50f7893e7440a1e2b0b";
const API_STEM = "http://api.openweathermap.org/data/2.5/weather?";

function zipUrl(zip) {
  return `${API_STEM}q=${zip}&units=imperial&APPID=${WEATHER_API_KEY}`;
}

function fetchForecast(zip) {
  return fetch(zipUrl(zip))
    .then(response => response.json())
    .then(responseJSON => {
      return {
        main: responseJSON.weather[0].main,
        description: responseJSON.weather[0].description,
        temp: responseJSON.main.temp
      };
    })
    .catch(error => {
      console.error(error);
    });
}

export default { fetchForecast: fetchForecast };
```

现在，我们可以这样导入：

```javascript
import OpenWeatherMap from "./open_weather_map";
```

为了继承这个 API，我们可以修改 <TextInput> 组件中的回调函数，让其查询 OpenWeatherMap API，如例 3-17 所示。

例 3-17 向 OpenWeatherMap API 请求数据

```javascript
_handleTextChange = event => {
  let zip = event.nativeEvent.text;
  OpenWeatherMap.fetchForecast(zip).then(forecast => {
    console.log(forecast);
    this.setState({ forecast: forecast });
  });
};
```

这里将天气预报的信息打印到控制到，这对于我们来说非常有用，要了解更多关于如何查看控制台输出的内容，请参见 9.1.2 节。

最后，我们还要更新 container 的样式，才能看到天气预报文本的渲染。

```
container: {
  flex: 1,
```

```
    justifyContent: "center",
    alignItems: "center",
    backgroundColor: "#666666"
}
```

现在，当你输入邮编时，应该就能看到天气预报信息渲染出来（见图 3-4）。

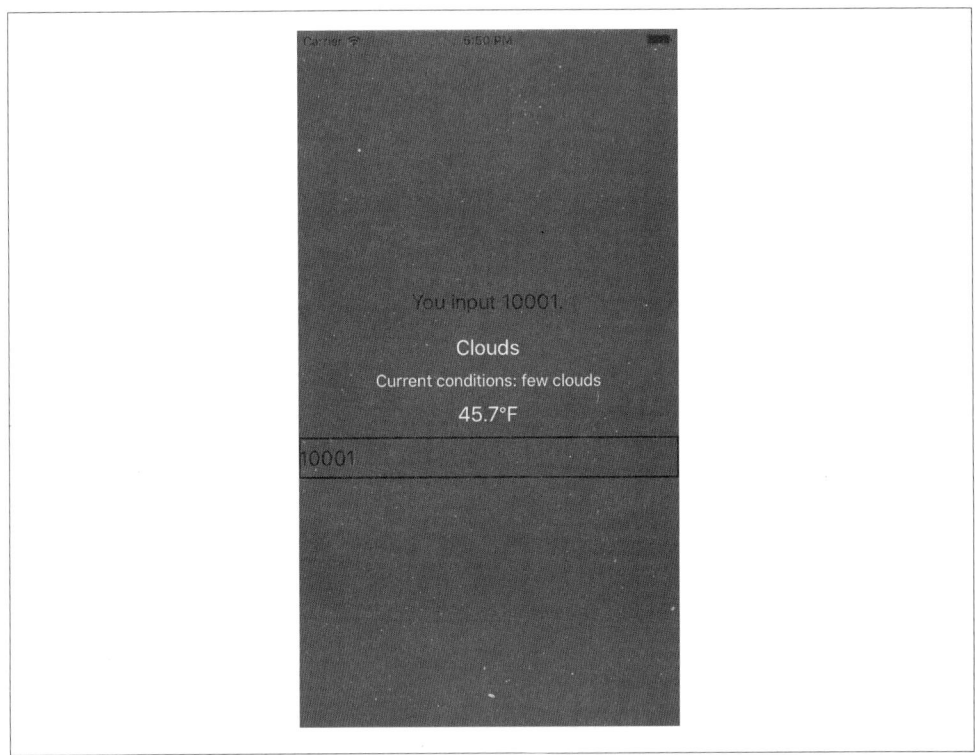

图 3-4：目前的天气应用

更新后的 WeatherProject.js 代码，展示在例 3-18 中。

例 3-18　现在 WeatherProject.js 中是真实数据了

```
import React, { Component } from "react";

import { StyleSheet, Text, View, TextInput } from "react-native";
import OpenWeatherMap from "./open_weather_map";
import Forecast from "./Forecast";

class WeatherProject extends Component {
  constructor(props) {
    super(props);
    this.state = { zip: "", forecast: null };
  }
```

```
  _handleTextChange = event => {
    let zip = event.nativeEvent.text;
    OpenWeatherMap.fetchForecast(zip).then(forecast => {
      this.setState({ forecast: forecast });
    });
  };

  render() {
    let content = null;
    if (this.state.forecast !== null) {
      content = (
        <Forecast
          main={this.state.forecast.main}
          description={this.state.forecast.description}
          temp={this.state.forecast.temp}
        />
      );
    }

    return (
      <View style={styles.container}>
        <Text style={styles.welcome}>
          You input {this.state.zip}.
        </Text>
        {content}
        <TextInput
          style={styles.input}
          onSubmitEditing={this._handleTextChange}
        />
      </View>
    );
  }
}

const styles = StyleSheet.create({
  container: {
    flex: 1,
    justifyContent: "center",
    alignItems: "center",
    backgroundColor: "#666666"
  },
  welcome: { fontSize: 20, textAlign: "center", margin: 10 },
  input: {
    fontSize: 20,
    borderWidth: 2,
    padding: 2,
    height: 40,
    width: 100,
    textAlign: "center"
  }
});

export default WeatherProject;
```

3.5.4　添加背景图片

单纯的背景颜色略显单调。我们接下来为其添加一个背景图片。

图片资源的管理和任何其他的代码资源非常类似：你可以通过 `require` 调用来导入图片。例如要使用 flowers.png 作为背景图片的话，我们可以这样导入：

```
<Image source={require('./flowers.png')}/>
```

这个图片文件可以在 GitHub（https://github.com/bonniee/learning-react-native/blob/2.0.0/src/weather/flowers.png）中获取。

和 JavaScript 资源类似，如果你同时拥有 flowers.ios.png 和 flowers.android.png 两个文件的话，React Native 打包器会根据平台加载对应的图片。同样，你可以使用 @2x 和 @3x 后缀，为不同的屏幕密度提供不同的图片。所以，假设我们可以像这样构造我们的项目目录：

```
.
├── flowers.png
├── flowers@2x.png
├── flowers@3x.png
...
```

要添加背景图到 `<View>` 中，我们不能像 Web 那样，在 `<div>` 上设置 background 属性。取而代之的做法是，我们要使用一个 `<Image>` 组件作为容器：

```
<Image source={require('./flowers.png')}
       resizeMode='cover'
       style={styles.backdrop}>
  // 内容区
</Image>
```

`<Image>` 组件预期接收一个 source 属性，我们在这里使用 `require` 来获取值。

在样式中，别忘了使用 `flexDirection`，让其子节点可以按照我们期望的方式进行渲染：

```
backdrop: {
  flex: 1,
  flexDirection: 'column'
}
```

现在，我们在 `<Image>` 里面添加一些子节点。在 `<WeatherProject>` 组件中修改 render 方法，让其返回以下内容：

```
<View style={styles.container}>
  <Image
    source={require("./flowers.png")}
    resizeMode="cover"
    style={styles.backdrop}>
    <View style={styles.overlay}>
```

```
      <View style={styles.row}>
        <Text style={styles.mainText}>
          Current weather for
        </Text>
        <View style={styles.zipContainer}>
          <TextInput
            style={[styles.zipCode, styles.mainText]}
            onSubmitEditing={event => this._handleTextChange(event)}
          />
        </View>
      </View>
      {content}
    </View>
  </Image>
</View>
```

你会注意到，我使用了一些还没有讨论过的样式，例如 row、overlay、zipContainer、zipCode。你可以直接跳到例 3-19，查看完整的样式表。

3.5.5 整合

对于这个应用的最后一个版本，我重新组织了 `<WeatherProject>` 组件的 render 函数并且调整了样式。最大的改变是布局逻辑，如图 3-5 所示。

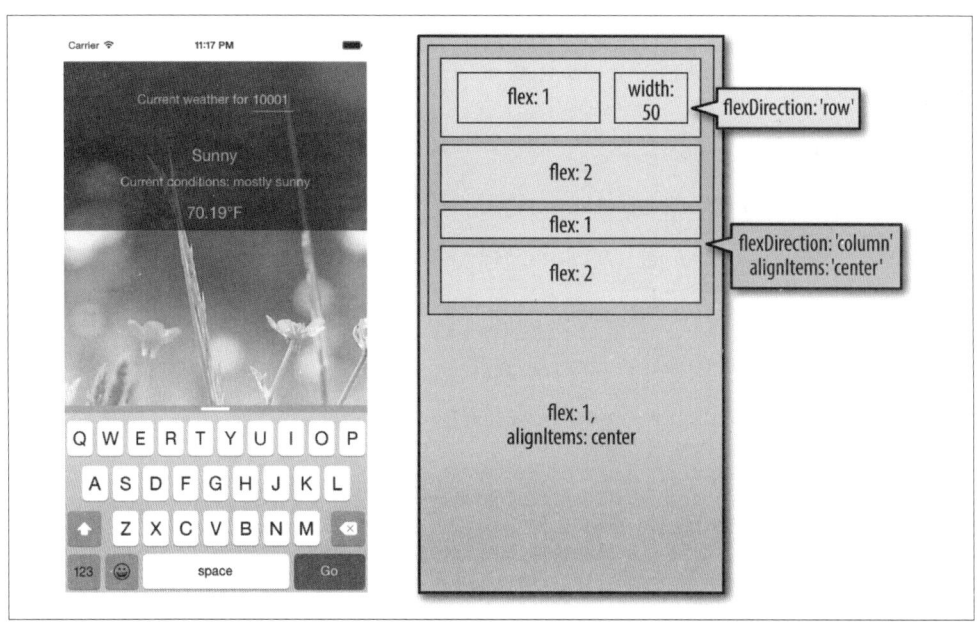

图 3-5：天气应用最终的布局

好，准备好查看整体代码了吗？例 3-19 展示了完成之后的 `<WeatherProject>` 组件包括样式表在内的完整代码。`<Forecast>` 组件仍然与例 3-13 一致。

例 3-19 WeatherProject.js 完整代码

```javascript
import React, { Component } from "react";

import { StyleSheet, Text, View, TextInput, Image } from "react-native";

import Forecast from "./Forecast";
import OpenWeatherMap from "./open_weather_map";

class WeatherProject extends Component {
  constructor(props) {
    super(props);
    this.state = { zip: "", forecast: null };
  }

  _handleTextChange = event => {
    let zip = event.nativeEvent.text;
    OpenWeatherMap.fetchForecast(zip).then(forecast => {
      this.setState({ forecast: forecast });
    });
  };

  render() {
    let content = null;
    if (this.state.forecast !== null) {
      content = (
        <Forecast
          main={this.state.forecast.main}
          description={this.state.forecast.description}
          temp={this.state.forecast.temp}
        />
      );
    }
    return (
      <View style={styles.container}>
        <Image
          source={require("./flowers.png")}
          resizeMode="cover"
          style={styles.backdrop}
        >
          <View style={styles.overlay}>
            <View style={styles.row}>
              <Text style={styles.mainText}>
                Current weather for
              </Text>
              <View style={styles.zipContainer}>
                <TextInput
                  style={[styles.zipCode, styles.mainText]}
                  onSubmitEditing={this._handleTextChange}
                  underlineColorAndroid="transparent"
                />
              </View>
            </View>
            {content}
          </View>
```

```
        </Image>
      </View>
    );
  }
}

const baseFontSize = 16;

const styles = StyleSheet.create({
  container: { flex: 1, alignItems: "center", paddingTop: 30 },
  backdrop: { flex: 1, flexDirection: "column" },
  overlay: {
    paddingTop: 5,
    backgroundColor: "#000000",
    opacity: 0.5,
    flexDirection: "column",
    alignItems: "center"
  },
  row: {
    flexDirection: "row",
    flexWrap: "nowrap",
    alignItems: "flex-start",
    padding: 30
  },
  zipContainer: {
    height: baseFontSize + 10,
    borderBottomColor: "#DDDDDD",
    borderBottomWidth: 1,
    marginLeft: 5,
    marginTop: 3
  },
  zipCode: { flex: 1, flexBasis: 1, width: 50, height: baseFontSize },
  mainText: { fontSize: baseFontSize, color: "#FFFFFF" }
});

export default WeatherProject;
```

我们已经完成了所有的工作，现在尝试运行这个应用。不出意外的话，它将可以同时运行在 Android 和 iOS 设备上，无论是模拟器还是真实物理设备皆可。想对它进行修改或者完善吗？

你可以在 GitHub 仓库查看完整的代码（https://github.com/bonniee/learning-react-native/tree/2.0.0/src/weather）。

3.6 小结

我们开发的第一个应用涉及了很多知识。本章介绍了新的 UI 组件 `<TextInput>`，以及如何从中获取用户输入的信息。接下来本章解释了如何在 React Native 中编写基本样式，以及如何在应用中加载并使用图片。最后本章讨论了如何使用 React Native 网络 API 从外部网络源中请求数据。对于我们的第一个应用，这已经相当不错了！

幸运的是，这足以证明你可以使用 React Native 快速地开发出具有原生体验的、功能丰富的移动应用。

如果你想继续扩展这个应用，可以尝试：

- 添加更多的图片，并根据天气预报更换图片；
- 对邮编进行有效性验证；
- 切换更便捷的小型键盘进行邮编输入；
- 展示最近 5 天的天气预报。

随着我们学习更多的知识，例如地理位置，你将可以为天气应用扩展更多的功能。

当然，这只是一个快速的概览。在后面几章中，我们将更加深入地了解 React Native 的最佳实践，并学习使用更多的特性！

第 4 章
移动应用组件

在第 3 章中,我们构建了一个简单的天气应用,并从中学习了创建 React Native 界面的基础知识。在本章中,我们将更深入地了解 React Native 的移动应用组件,并将其与基础 HTML 元素进行比较。相比于网页,移动界面是基于各种不同的原始 UI 元素而构造的,因此我们需要使用不同的组件。

在本章的开头,我们将详细了解一些最基础的组件,即 <View>、<Image> 和 <Text>,然后讨论触摸和手势怎样作用于 React Native 组件,并了解如何处理触摸事件。紧接着我们学习一些更高阶的组件,例如 <FlatList>、<SectionList> 和 <TabBarIOS>,让你可以组合这些视图开发出符合界面规范的移动应用。

4.1 类比 HTML 元素与原生组件

当开发 Web 应用时,我们使用各种基础的 HTML 元素,例如 <div>、<span> 和 <img>,还有各种组织元素:<ol>、<ul> 和 <table>。(也可以考虑 <audio>、<svg>、<canvas> 等元素,但此处暂时忽略它们。)

在 React Native 中,我们不使用这些 HTML 元素,但使用类似它们的各种组件(见表 4-1)。

表4-1：类比HTML和原生组件

HTML	React Native
div	`<View>`
img	`<Image>`
span、p	`<Text>`
ul/ol、li	`<FlatList>` 中的子条目

虽然这些元素的作用相似，但它们不可以相互替换。让我们来看这些组件是如何在 React Native 的应用中工作的，并了解它们与浏览器场景有什么区别。

> **React Native 和 Web 应用的代码可以共享吗？**
>
> React Native 开箱即用，支持在 Android 和 iOS 中渲染。如果你想要使用 React Native 渲染兼容 Web 的视图，可以参考 react-native-web（https://github.com/necolas/react-native-web）。
>
> 不管你使用什么方法，任何 JavaScript 的代码——包括 React 组件——只要没有渲染基础元素，就可以进行代码共享。因此，如果你的业务逻辑独立于渲染的代码，就可以进行代码复用。

4.1.1 文本组件

渲染文本看似是一个非常基础的功能，几乎所有的应用都需要在某些地方渲染文本。然而，在 React Native 环境和移动开发中的文本渲染与 Web 环境大相径庭。

当我们在 HTML 中处理文本时，可以将原始文本包含在各种元素中，并且还可使用像 `<strong>` 和 `<em>` 这样的子标签为文本添加样式。因此，你可以写出下面这样的 HTML 代码：

```
<p>The quick <em>brown</em> fox jumped over the lazy <strong>dog</strong>.</p>
```

在 React Native 中，仅有 `<Text>` 组件可以将纯文本作为子节点。换言之，这样是无效的：

```
<View>
  Text doesn't go here!
</View>
```

应该把文本用 `<Text>` 组件包装起来。

```
<View>
  <Text>This is OK!</Text>
</View>
```

在 React Native 中使用 `<Text>` 组件时，我们再也不能使用 `<strong>` 和 `<em>` 这样的子标签，但是可以应用样式中的 `fontWeight` 和 `fontStyle` 等属性来达到相似的效果。以下是使用内联样式达到的效果：

```
<Text>
  The quick <Text style={{fontStyle: "italic"}}>brown</Text> fox
  jumped over the lazy <Text style={{fontWeight: "bold"}}>dog</Text>.
</Text>
```

但是这样的方法很快会让代码变得冗长。处理文本时,你可能想创建一种便于速记的样式组件,如例 4-1 所示。

例 4-1 为文本样式创建可复用组件

```
const styles = StyleSheet.create({
    bold: {
        fontWeight: "bold"
    },
    italic: {
        fontStyle: "italic"
    }
});
class Strong extends Component {
  render() {
    return (
    <Text style={styles.bold}>
      {this.props.children}
    </Text>);
  }
}

class Em extends Component {
  render() {
    return (
    <Text style={styles.italic}>
      {this.props.children}
    </Text>);
  }
}
```

一旦声明了这些样式组件,你就可以自由地使用样式嵌套。现在 React Native 版本已经和 HTML 版本很相似了(见例 4-2)。

例 4-2 使用样式组件渲染文本

```
<Text>
  The quick <Em>brown</Em> fox jumped
  over the lazy <Strong>dog</Strong>.
</Text>
```

同样,React Native 也没有 header 元素(h1、h2 等)这样的概念,但在需要的时候很容易定义自己的 <Text> 样式。

总体来说,当你需要应付字体样式问题时,React Native 强制你改变原先的方法。样式的继承是有限的,因此你无法获得渲染树中所有文本节点的默认字体设置。前面已经提到,

移动应用组件 | 37

React Native 文档建议通过使用样式组件来解决这个问题：

> 你也失去了为整棵子树设置默认字体的能力。我们推荐在应用中创建并使用一个统一字体和尺寸的 MyAppText 组件，以此来确保字体样式的一致性。你也可以在此基础上为其他的字体样式创建更具体的组件，例如 MyAppHeaderText。

官方文档的文本组件部分有更多这方面的细节。

你可能注意到了这里的一个模式：React Native 坚持自己的偏好，提倡样式组件的复用而不是样式的复用。虽然在开始阶段这可能会耗费更多时间，但是这种做法可以让隔离更好，以便在应用的任何地方渲染组件都可以获得相同的结果。这样做还使得在应用中维护样式代码更加容易。我们将在下一章更深入地讨论这些内容。

4.1.2　图片组件

如果说文本是移动或 Web 应用中最基础的元素，那么图片元素也不例外。在 Web 环境中编写 HTML 和 CSS 时，我们可以通过多种方式添加图片：有时使用 `<img>` 标签；有时通过 CSS 导入，如 background-image 属性。在 React Native 中，我们也有相似的 `<Image>` 组件，但是它有些不太一样。

`<Image>` 组件的基础用法是很直观的。只须设置 prop 的 source 属性：

```
<Image source={require("./puppies.png")} />
```

实际上，图片路径是以 JavaScript 模块的方式被解析的。因此在上述示例中，puppies.png 应该和组件放在同一个文件夹中。

图片的文件名同样也有讲究。如果你提供了 puppies.ios.png 和 puppies.android.png，那么每个平台就会去渲染相应的文件。类似地，如果你提供了 @2x、@3x 后缀的图片文件，React Native 打包器就会根据设备屏幕密度选择合适的图片。

值得一提的是，基于 Web 的图片资源可以被导入，而无须打包图片到应用中。例如：

```
<Image source={{uri: "https://facebook.github.io/react/img/logo_og.png"}}
    style={{width: 400, height: 400}} />
```

当使用网络资源时，需要手动指定图片尺寸。

通过网络下载而不是作为资源导入的方式有一些优点。例如，在开发期间，采用这种方法可以更容易地完成项目原型，而无须提前小心翼翼地导入所有资源。同时，它也减小了应用体积，用户无须下载你所有的资源文件。然而，这意味着今后用户无论何时使用你的应用都要依赖数据流量。因此在多数情况下，你都应该避免使用基于 URI 的方式。

如果你好奇如何使用用户自己的图片，我们会在第 6 章介绍关于相机胶卷的内容。

由于 React Native 强调了基于组件的开发方式,因此图片**必须**包含在 <Image> 组件中,而不允许通过样式来导入。例如在第 3 章中,我们想要在天气应用中使用一张图片作为背景。不像 HTML 和 CSS 那样可以使用 background-image 属性来添加背景,React Native 使用 <Image> 作为容器组件,就像这样:

```
<Image source={require("./puppies.png")}>
  {/* 内容区 */}
</Image>
```

为图片添加样式是相对容易的。除了应用样式,你还可以通过特定的属性控制图片的渲染行为。例如,你可能会经常用到 resizeMode 属性,它可以被设置为 contain、cover 和 stretch。RNTester 示例程序也很好地解释了这个属性(见图 4-1)。

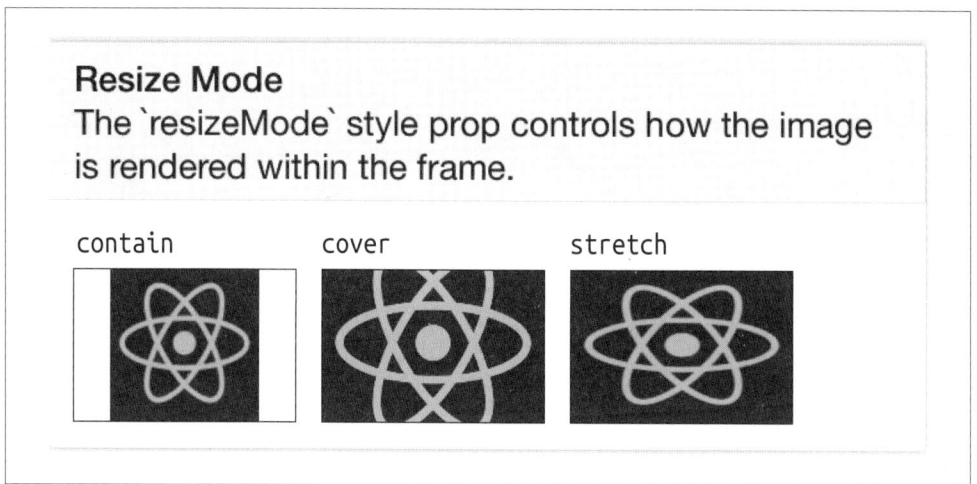

图 4-1:contain、cover 和 stretch 的区别

<Image> 组件灵活易用,你可以在自己的应用中广泛使用。

4.2 处理触摸和手势

基于 Web 的界面通常是为鼠标控制而设计的。我们使用如 hover 这样的状态来进行动态变换,并对用户的交互行为做出反馈。对于移动应用而言,触摸则至关重要。移动平台对于你想要设计的界面有一套自己的规范,这个规范因平台而不同:iOS 和 Android 不同,Windows Phone 则跟它们又不一样。

React Native 提供了许多 API,你可以使用这些 API 开发可触摸的界面。在这一节中,我们将要学习 <Button> 组件和 <TouchableHighlight> 容器组件,以及直接访问手势响应系统的底层 API。

4.2.1 使用<Button>创建基础交互

如果你需要从一个基础的、交互式的按钮开始，那么默认的 <Button> 组件就可以满足你的要求了。这个组件提供了一组简单的 API，允许你设置按钮颜色、标签文本以及回调函数。

```
<Button
  onPress={this._onPress}
  title="Press me"
  color="#841584"
  accessibilityLabel="Press this button"
/>
```

<Button> 按钮是一个不错的入门组件，但是你可能还想尝试创建属于自己的交互组件。为此，我们会学习使用 <TouchableHighlight>。

4.2.2 使用<TouchableHighlight>组件

任何能响应用户触摸事件的界面元素（按钮、控制元素等）通常都需要用 <TouchableHighlight> 包装起来。当视图元素被触摸时，<TouchableHighlight> 会产生一个叠层，给予用户视觉反馈。这是其中一个关键性的交互功能，它能让应用具备原生体验，不像那些针对移动优化的网站仅提供有限的触摸反馈。根据我的经验，无论哪里需要一个类似 Web 平台上的按钮或者链接，你都可以使用 <TouchableHighlight>。

<TouchableHighlight> 最基础的用法就是用它将组件包装起来，之后按下它时就会产生一个简单的叠层效果。<TouchableHighlight> 组件同时也为像 onPressIn、onPressOut、onLongPress 这样的事件提供了钩子，因此可以在 React 应用中使用这些事件。

例 4-3 展示了如何使用 <TouchableHighlight> 包装组件，以便为用户提供交互反馈。

例 4-3　使用 <TouchableHighlight> 组件

```
<TouchableHighlight
  onPressIn={this._onPressIn}
  onPressOut={this._onPressOut}
  accessibilityLabel={'PUSH ME'}
  style={styles.touchable}>
    <View style={styles.button}>
      <Text style={styles.welcome}>
        {this.state.pressing ? "EEK!" : "PUSH ME"}
      </Text>
    </View>
</TouchableHighlight>
```

当用户轻触按钮时，会产生叠层并改变文字（见图 4-2）。

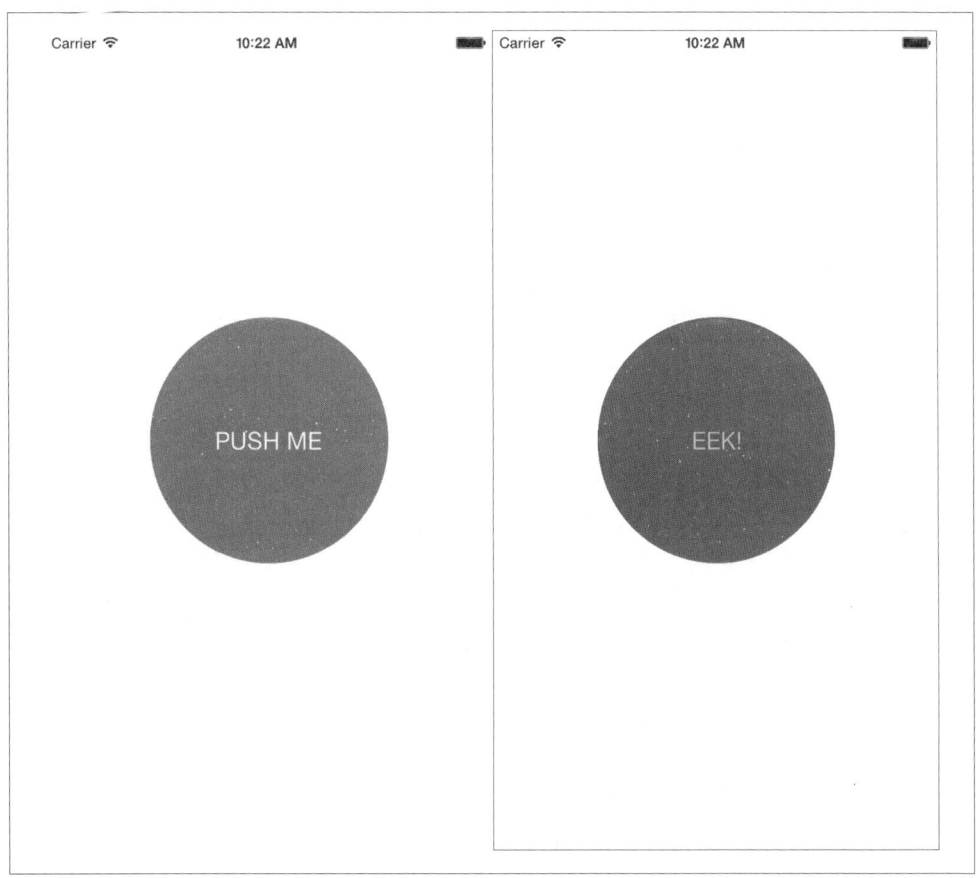

图 4-2：使用 <TouchableHighlight> 为用户提供视觉反馈——未按下状态（左）、按下状态（右）、带有高亮（右）

这是一个很勉强的例子，但它解释了一个基础的交互，即如何让移动应用中的按钮让人感觉是可触摸的。叠层是让用户感觉元素可触摸的一个关键的因素。注意，添加这样一个叠层无须为样式编写任何逻辑，<TouchableHighlight> 组件为我们处理了各种逻辑。

例 4-4 展示了这个按钮组件的完整代码。

例 4-4　PressDemo.js 说明了 <TouchableHighlight> 的用法

```
import React, { Component } from "react";
import { StyleSheet, Text, View, TouchableHighlight } from "react-native";

class Button extends Component {
  constructor(props) {
    super(props);
    this.state = { pressing: false };
  }
```

移动应用组件　|　41

```jsx
  _onPressIn = () => {
    this.setState({ pressing: true });
  };

  _onPressOut = () => {
    this.setState({ pressing: false });
  };

  render() {
    return (
      <View style={styles.container}>
        <TouchableHighlight
          onPressIn={this._onPressIn}
          onPressOut={this._onPressOut}
          style={styles.touchable}
        >

          <View style={styles.button}>
            <Text style={styles.welcome}>
              {this.state.pressing ? "EEK!" : "PUSH ME"}
            </Text>
          </View>

        </TouchableHighlight>
      </View>
    );
  }
}

const styles = StyleSheet.create({
  container: {
    flex: 1,
    justifyContent: "center",
    alignItems: "center",
    backgroundColor: "#F5FCFF"
  },
  welcome: { fontSize: 20, textAlign: "center", margin: 10, color: "#FFFFFF" },
  touchable: { borderRadius: 100 },
  button: {
    backgroundColor: "#FF0000",
    borderRadius: 100,
    height: 200,
    width: 200,
    justifyContent: "center"
  }
});

export default Button;
```

尝试编辑这个按钮，使其对其他事件做出响应，例如 onPress 或 onLongPress。想了解这些事件与用户交互的对应关系，最佳途径就是使用真实设备进行试验。

4.2.3　使用 PanResponder 类

不同于 `<TouchableHighlight>`，PanResponder 并不是一个组件，而是 React Native 的一个类。PanResponder gestureState 对象为你提供了原始位置的数据，以及当前手势的累计距离、速度等信息。

为了在 React 组件中使用 PanResponder，我们需要创建一个 PanResponder 对象，然后将它附加到组件的 render 方法中。

创建一个 PanResponder 需要我们为它指定适合的处理函数（见例 4-5）。

例 4-5　创建 PanResponder，需要传入一些回调函数

```
this._panResponder = PanResponder.create({
  onStartShouldSetPanResponder: this._handleStartShouldSetPanResponder,
  onMoveShouldSetPanResponder: this._handleMoveShouldSetPanResponder,
  onPanResponderGrant: this._handlePanResponderGrant,
  onPanResponderMove: this._handlePanResponderMove,
  onPanResponderRelease: this._handlePanResponderEnd,
  onPanResponderTerminate: this._handlePanResponderEnd,
});
```

我们可以使用这 6 个函数来访问触摸事件的完整生命周期。onStartShouldSetPanResponder 和 onMoveShouldSetPanResponder 决定了我们是否应该对给定的触摸事件做出响应。onPanResponderGrant 会在触摸事件开始时被调用，onPanResponderRelease 和 onPanResponderTerminate 会在触摸事件结束时被调用。在触摸事件进行期间，我们可以使用 onPanResponderMove 获取相关数据。

然后，使用展开语法（spread syntax）将 PanResponder 添加到 render 方法内的组件视图上（见例 4-6）。

例 4-6　使用展开语法添加 PanResponder

```
render: function() {
  return (
    <View
      {...this._panResponder.panHandlers}>
      { /* 这里是视图内容 */ }
    </View>
  );
}
```

之后，如果你的触摸起始于视图内，那么传入到 PanResponder.create 的处理函数将会在相应的移动事件发生时被调用。

图 4-3 渲染了一个圆形，你可以在屏幕上拖拽它。它的坐标会在你移动时进行更新。

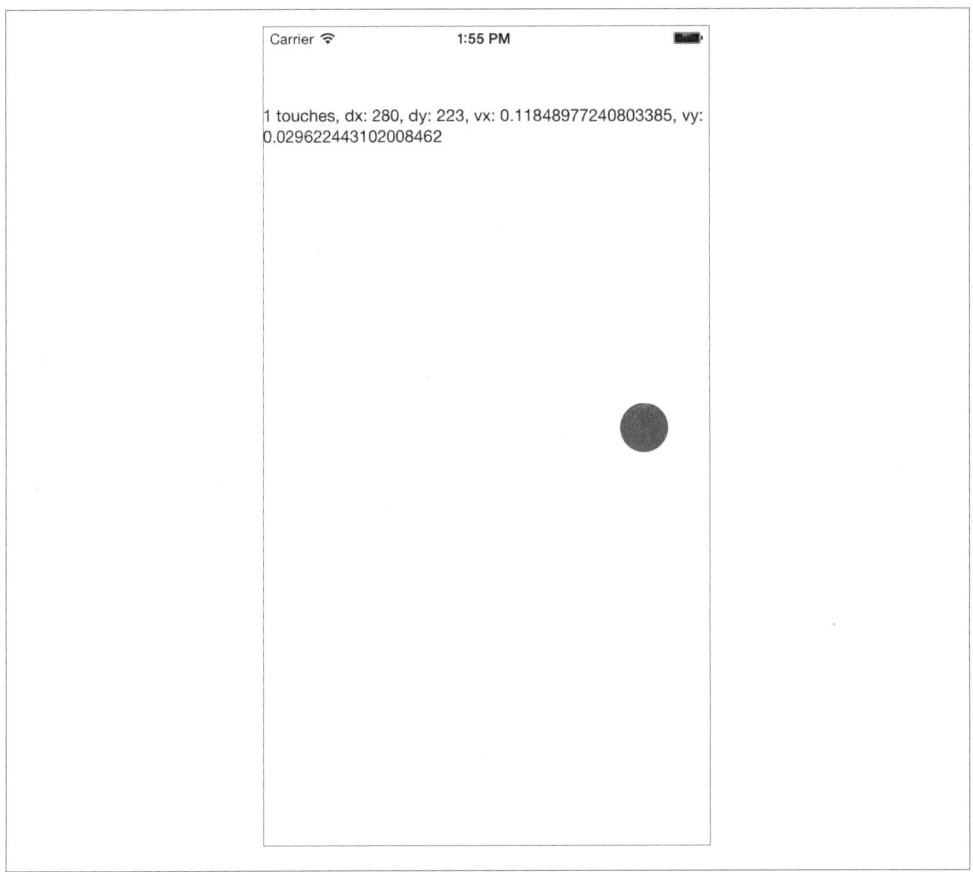

图 4-3:PanResponder 演示

为了实现这一点,我们现在要具体实现 PanResponder 回调函数。前两个方法很简单,通过实现 _handleStartShouldSetPanResponder 和 _handleMoveShouldSetPanResponder,我们可以声明:希望响应接收到的触摸事件(见例 4-7)。

例 4-7 前两个回调只需要简单地返回 true

```
_handleStartShouldSetPanResponder = (event, gestureState) => {
  // 当用户按下圆形时,需要被激活吗?
  return true;
};

_handleMoveShouldSetPanResponder = (event, gestureState) => {
  // 当用户触摸并移动圆形时,需要被激活吗?
  return true;
};
```

然后,我们可以使用 _handlePanResponderMove 中的位置数据,来更新圆形视图的坐标(见例 4-8)。

例 4-8　在 _handlePanResponderMove 中更新圆形的位置

```
_handlePanResponderMove = (event, gestureState) => {
  // 使用增量来计算当前位置
  this._circleStyles.style.left = this._previousLeft + gestureState.dx;
  this._circleStyles.style.top = this._previousTop + gestureState.dy;
  this._updatePosition();
};

_updatePosition = () => {
  this.circle && this.circle.setNativeProps(this._circleStyles);
};
```

请注意，这里我们调用了 setNativeProps 来更新圆形视图的位置。

在使用动画时，你可以使用 setNativeProps 来直接修改组件，而不需要传统地设置 state 和 props。这可以使你避免重新渲染组件层次结构带来的开销，但是应当谨慎地使用它。

接下来，我们实现 _handlePanResponderGrant 和 _handlePanResponderEnd，让圆形在触摸的时候可以改变颜色（见例 4-9）。

例 4-9　实现高亮行为

```
_highlight = () => {
  this.circle &&
    this.circle.setNativeProps({
      style: { backgroundColor: "blue" }
    });
};

_unHighlight = () => {
  this.circle &&
    this.circle.setNativeProps({ style: { backgroundColor: "green" } });
};

_handlePanResponderGrant = (event, gestureState) => {
  this._highlight();
};

_handlePanResponderEnd = (event, gestureState) => {
  this._unHighlight();
};
```

我们把以上内容结合起来，使用 PanResponder 构建一个交互式视图，如例 4-10 所示。

例 4-10　PanDemo.js 说明了 PanResponder 的用法

```
// 改编自
// https://github.com/facebook/react-native/blob/master/
// RNTester/js/PanResponderExample.js
```

```
"use strict";

import React, { Component } from "react";
import { StyleSheet, PanResponder, View, Text } from "react-native";

const CIRCLE_SIZE = 40;
const CIRCLE_COLOR = "blue";
const CIRCLE_HIGHLIGHT_COLOR = "green";

class PanResponderExample extends Component {
  // 设置一些初始值
  _panResponder = {};
  _previousLeft = 0;
  _previousTop = 0;
  _circleStyles = {};
  circle = null;

  constructor(props) {
    super(props);
    this.state = {
      numberActiveTouches: 0,
      moveX: 0,
      moveY: 0,
      x0: 0,
      y0: 0,
      dx: 0,
      dy: 0,
      vx: 0,
      vy: 0
    };
  }

  componentWillMount() {
    this._panResponder = PanResponder.create({
      onStartShouldSetPanResponder: this._handleStartShouldSetPanResponder,
      onMoveShouldSetPanResponder: this._handleMoveShouldSetPanResponder,
      onPanResponderGrant: this._handlePanResponderGrant,
      onPanResponderMove: this._handlePanResponderMove,
      onPanResponderRelease: this._handlePanResponderEnd,
      onPanResponderTerminate: this._handlePanResponderEnd
    });
    this._previousLeft = 20;
    this._previousTop = 84;
    this._circleStyles = {
      style: { left: this._previousLeft, top: this._previousTop }
    };
  }

  componentDidMount() {
    this._updatePosition();
  }

  render() {
    return (
      <View style={styles.container}>
```

```jsx
    <View
      ref={circle => {
        this.circle = circle;
      }}
      style={styles.circle}
      {...this._panResponder.panHandlers}
    />
    <Text>
      {this.state.numberActiveTouches} touches,
      dx: {this.state.dx},
      dy: {this.state.dy},
      vx: {this.state.vx},
      vy: {this.state.vy}
    </Text>
  </View>
  );
}

// _highlight和_unHighlight提供给PanResponder的其他方法进行调用，
// 为用户提供视觉反馈
_highlight = () => {
  this.circle &&
    this.circle.setNativeProps({
      style: { backgroundColor: CIRCLE_HIGHLIGHT_COLOR }
    });
};

_unHighlight = () => {
  this.circle &&
    this.circle.setNativeProps({ style: { backgroundColor: CIRCLE_COLOR } });
};

// 使用setNativeProps直接控制当前位置
_updatePosition = () => {
  this.circle && this.circle.setNativeProps(this._circleStyles);
};

_handleStartShouldSetPanResponder = (event, gestureState) => {
  // 当用户按下圆形时，需要被激活吗？
  return true;
};

_handleMoveShouldSetPanResponder = (event, gestureState) => {
  // 当用户触摸并移动圆形时，需要被激活吗？
  return true;
};

_handlePanResponderGrant = (event, gestureState) => {
  this._highlight();
};

_handlePanResponderMove = (event, gestureState) => {
  this.setState({
    stateID: gestureState.stateID,
    moveX: gestureState.moveX,
```

```
      moveY: gestureState.moveY,
      x0: gestureState.x0,
      y0: gestureState.y0,
      dx: gestureState.dx,
      dy: gestureState.dy,
      vx: gestureState.vx,
      vy: gestureState.vy,
      numberActiveTouches: gestureState.numberActiveTouches
    });

    // 使用增量计算当前位置
    this._circleStyles.style.left = this._previousLeft + gestureState.dx;
    this._circleStyles.style.top = this._previousTop + gestureState.dy;
    this._updatePosition();
  };

  _handlePanResponderEnd = (event, gestureState) => {
    this._unHighlight();
    this._previousLeft += gestureState.dx;
    this._previousTop += gestureState.dy;
  };
}

const styles = StyleSheet.create({
  circle: {
    width: CIRCLE_SIZE,
    height: CIRCLE_SIZE,
    borderRadius: CIRCLE_SIZE / 2,
    backgroundColor: CIRCLE_COLOR,
    position: "absolute",
    left: 0,
    top: 0
  },
  container: { flex: 1, paddingTop: 64 }
});

export default PanResponderExample;
```

如果你计划实现自己的手势识别，我建议你在设备上使用这款应用，这样你就可以感受到这些值是如何响应的。前面的图 4-3 展示了一张截图，但是你还可以使用真实的触摸屏幕进行体验。

选择处理触摸的方法

当使用上一节讨论的触摸和手势 API 时，你应该如何选择呢？这取决于你想开发什么样的应用。

为了给用户提供基础的反馈，指明一个按钮或其他元素是可触摸的，你可以使用 `<TouchableHighlight>` 组件。

为了实现自己定制的触摸界面，你可以使用 PanResponder。如果要设计一款游戏，或者一款有着与众不同的界面的应用，那就应该花一些时间使用这些 API 开发你想要的交互方式。

对于许多应用来说，根本不需要定制任何触摸处理函数。在下一节中，我们将接触一些更高级的组件，这些组件实现了通用的 UI 模式。

4.3 使用列表

许多移动端的用户界面都以列表作为核心元素。在图 4-4 中，你可以看到 Dropbox、Twitter 和 iOS 这 3 款应用设置的交互模式。其核心之处在于列表作为滚动容器，其中包含一些子视图。这种看似简单的设计模式，其实是许多移动端界面的组成部分。

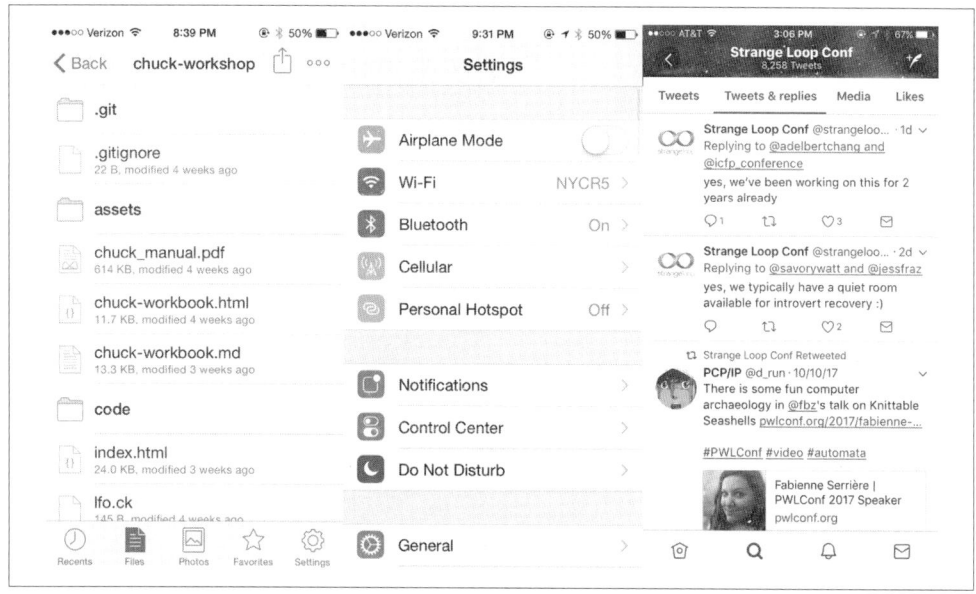

图 4-4：Dropbox、Twitter 和 iOS 应用设置中使用的列表

React Native 提供了两个带有简易 API 的列表组件。`<FlatList>` 组件适用于相似结构数据组成的长列表，它包含了几处性能上的优化。`<SectionList>` 组件适用于分割成不同逻辑部分的数据，通常包含章节标题，类似 iOS 中的 UITableView。总体来说，`<FlatList>` 和 `<SectionList>` 涵盖了大部分常见的使用场景，但是如果你需要了解其中的原理，并添加一些自定义的列表处理逻辑，可以参考 `<VirtualizedList>`。

 优化列表的渲染性能是一个众所周知的棘手问题，因为在不同的案例中需要不同的方法。用户是在联系人列表中快速寻找特定的人，还是在慢慢浏览图片？列表项是同质化的，还是每个子视图都不一样？如果你遇到了性能问题，请先注意你的列表。

本节中，我们将构建一款应用，用来显示纽约时报的畅销书列表，并让我们查看每本书的数据，如图 4-5 所示。我们会分别使用 `<FlatList>` 和 `<SectionList>` 构建两个版本。

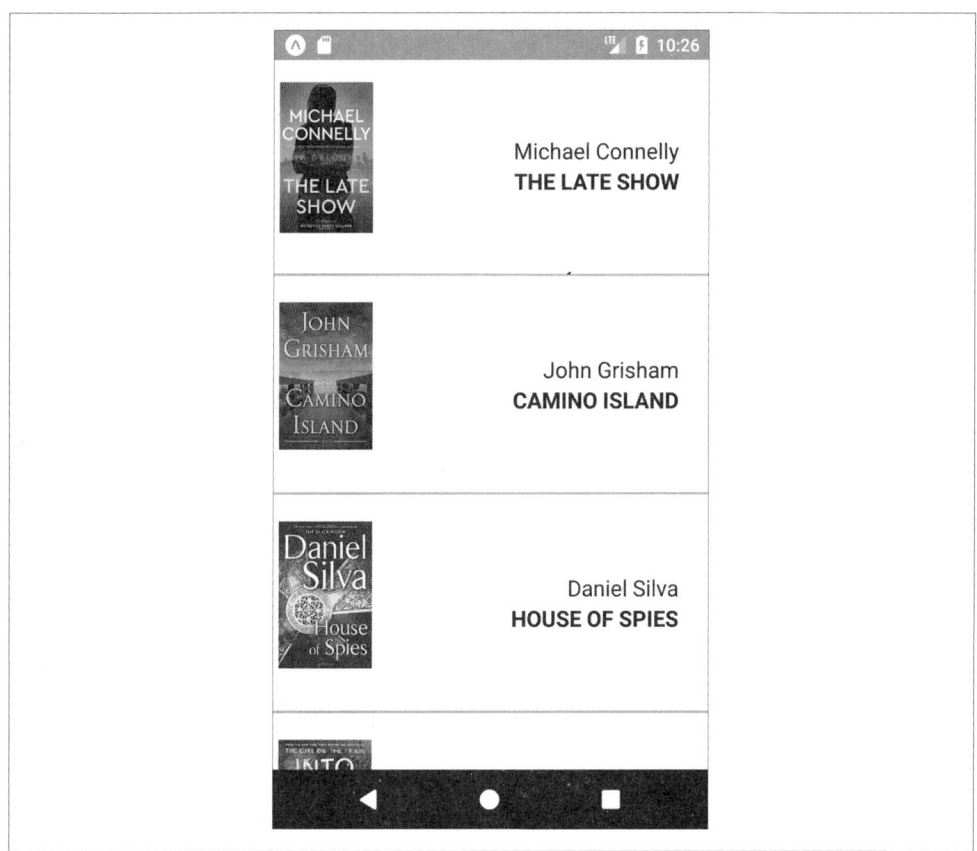

图 4-5：我们将要开发的图书列表应用

如果你愿意的话，可以从《纽约时报》网站获取属于你自己的 API 令牌，也可以使用本书示例代码中的 API。

4.3.1　使用基础的 `<FlatList>` 组件

我们从基础的 `<FlatList>` 组件开始，它需要两个属性：data 和 renderItem。

```
<FlatList
  data={this.state.data}
  renderItem={this._renderItem} />
```

data 属性，顾名思义，就是 `<FlatList>` 将要呈现的数据。data 应该是数组类型的，其中每个元素都有一个独立的 key 属性，再加上其他任何你所需要的数据属性。

renderItem 是一个函数，基于 data 数组中的任何元素中的数据，返回对应的组件。

`<FlatList>` 的基本用法如例 4-11 所示。

例 4-11　src/bestsellers/SimpleList.js

```javascript
import React, { Component } from "react";

import { StyleSheet, Text, View, FlatList } from "react-native";

class SimpleList extends Component {
  constructor(props) {
    super(props);
    this.state = {
      data: [
        { key: "a" },
        { key: "b" },
        { key: "c" },
        { key: "d" },
        { key: "a longer example" },
        { key: "e" },
        { key: "f" },
        { key: "g" },
        { key: "h" },
        { key: "i" },
        { key: "j" },
        { key: "k" },
        { key: "l" },
        { key: "m" },
        { key: "n" },
        { key: "o" },
        { key: "p" }
      ]
    };
  }

  _renderItem = data => {
    return <Text style={styles.row}>{data.item.key}</Text>;
  };

  render() {
    return (
      <View style={styles.container}>
        <FlatList data={this.state.data} renderItem={this._renderItem} />
      </View>
    );
  }
}

const styles = StyleSheet.create({
  container: {
    flex: 1,
    justifyContent: "center",
    alignItems: "center",
    backgroundColor: "#F5FCFF"
  },
  row: { fontSize: 24, padding: 42, borderWidth: 1, borderColor: "#DDDDDD" }
});

export default SimpleList;
```

使用<FlatList>时经常会遇到的一个陷阱是,传入renderItem方法的对象,需要通过item属性来访问实际的数据:

```
_renderItem = data => {
  return <Text style={styles.row}>{data.item.key}</Text>;
};
```

我们可以使用解构的表达来简化这段代码:

```
_renderItem = ({item}) => {
  return <Text style={styles.row}>{item.key}</Text>;
};
```

运行结果如图 4-6 所示。

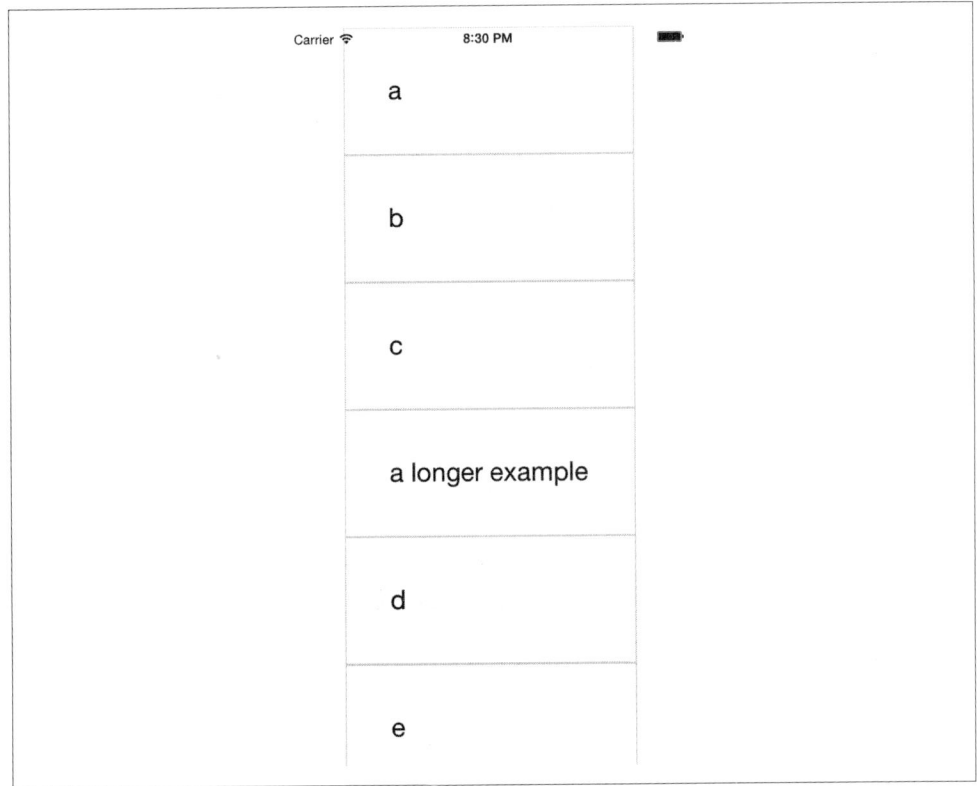

图 4-6:SimpleList 组件渲染了一个 <FlatList> 的骨架

4.3.2 更新<FlatList>的内容

如果继续开发,要做些什么呢?我们来创建一个带有更复杂数据的 <ListView> 组件。我们使用《纽约时报》网站的 API 来开发一个展示其畅销图书列表的简单应用。

首先，使用模拟数据表示来自《纽约时报》API 的示例响应，如例 4-12 所示。

例 4-12　基于 API 预期响应生成的模拟数据

```
const mockBooks = [
  {
    rank: 1,
    title: "GATHERING PREY",
    author: "John Sandford",
    book_image:
      "http://du.ec2.nytimes.com.s3.amazonaws.com/prd/books/9780399168796.jpg"
  },
  {
    rank: 2,
    title: "MEMORY MAN",
    author: "David Baldacci",
    book_image:
      "http://du.ec2.nytimes.com.s3.amazonaws.com/prd/books/9781455586387.jpg"
  }
];
```

然后我们添加一个可以渲染这种数据的组件。如例 4-13 所示，这个 <BookItem> 组件组合运用了 <View>、<Text> 和 <Image> 组件来显示每本书的基础信息。

例 4-13　src/bestsellers/BookItem.js

```
import React, { Component } from "react";

import { StyleSheet, Text, View, Image, ListView } from "react-native";

const styles = StyleSheet.create({
  bookItem: {
    flexDirection: "row",
    backgroundColor: "#FFFFFF",
    borderBottomColor: "#AAAAAA",
    borderBottomWidth: 2,
    padding: 5,
    height: 175
  },
  cover: { flex: 1, height: 150, resizeMode: "contain" },
  info: {
    flex: 3,
    alignItems: "flex-end",
    flexDirection: "column",
    alignSelf: "center",
    padding: 20
  },
  author: { fontSize: 18 },
  title: { fontSize: 18, fontWeight: "bold" }
});

class BookItem extends Component {
  render() {
    return (
```

```
      <View style={styles.bookItem}>
        <Image style={styles.cover} source= />
        <View style={styles.info}>
          <Text style={styles.author}>{this.props.author}</Text>
          <Text style={styles.title}>{this.props.title}</Text>
        </View>
      </View>
    );
  }
}

export default BookItem;
```

要使用这个 <BookItem> 组件，我们需要修改 _renderItem 函数。<BookItem> 期望接收 3 个参数：coverURL、title、author（封面图片地址、标题、作者）。

```
_renderItem = ({ item }) => {
  return (
    <BookItem
      coverURL={item.book_image}
      title={item.key}
      author={item.author}
    />
  );
};
```

要记住，在 <FlatList> 中，data 数组中的每个元素都必须定义一个唯一的 key 属性。因此，我们要补充一个辅助方法，接收一个对象数组作为参数，并为其添加 key 属性，如例 4-14 所示。

例 4-14 _addKeysToBooks 方法为 books 数组中的每一个对象添加 key 属性

```
_addKeysToBooks = books => {
  return books.map(book => {
    return Object.assign(book, { key: book.title });
  });
};
```

现在，有了这个辅助方法，我们就可以使用例 4-12 中的模拟数据，来更新初始状态：

```
constructor(props) {
  super(props);
  this.state = { data: this._addKeysToBooks(mockBooks) };
}
```

将以上内容结合起来，这个模拟的畅销书应用代码应该如例 4-15 所示，应用的显示效果如图 4-7 所示。

例 4-15　src/bestsellers/MockBookList.js

```js
import React, { Component } from "react";

import { StyleSheet, Text, View, Image, FlatList } from "react-native";

import BookItem from "./BookItem";

const mockBooks = [
  {
    rank: 1,
    title: "GATHERING PREY",
    author: "John Sandford",
    book_image:
      "http://du.ec2.nytimes.com.s3.amazonaws.com/prd/books/9780399168796.jpg"
  },
  {
    rank: 2,
    title: "MEMORY MAN",
    author: "David Baldacci",
    book_image:
      "http://du.ec2.nytimes.com.s3.amazonaws.com/prd/books/9781455586387.jpg"
  }
];

class BookList extends Component {
  constructor(props) {
    super(props);
    this.state = { data: this._addKeysToBooks(mockBooks) };
  }

  _renderItem = ({ item }) => {
    return (
      <BookItem
        coverURL={item.book_image}
        title={item.key}
        author={item.author}
      />
    );
  };

  _addKeysToBooks = books => {
    // 给《纽约时报》网站获取到的API响应中的每个对象添加key属性，用于渲染
    return books.map(book => {
      return Object.assign(book, { key: book.title });
    });
  };

  render() {
    return <FlatList data={this.state.data} renderItem={this._renderItem} />;
  }
}

const styles = StyleSheet.create({ container: { flex: 1, paddingTop: 22 } });

export default BookList;
```

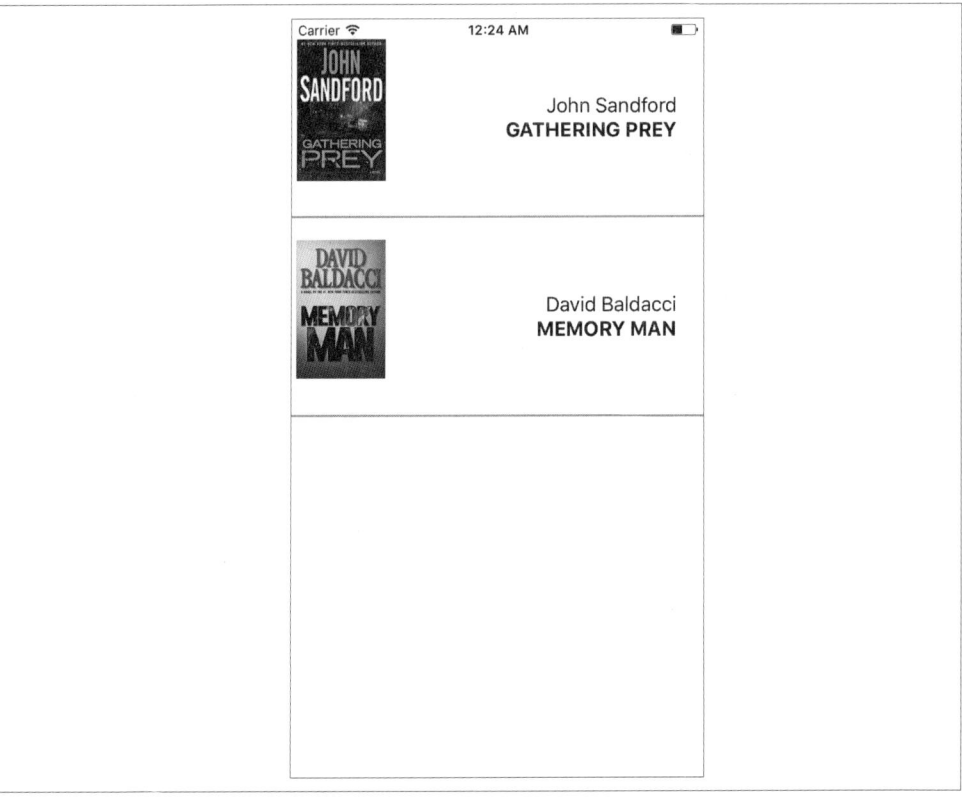

图 4-7：使用 `<FlatList>` 展示的模拟数据

4.3.3 整合真实数据

硬编码的数据我们已经处理好了，是时候测试真实的场景了。例 4-16 中提供了访问《纽约时报》API 的实际代码。

例 4-16　src/bestsellers/NYT.js

```
const API_KEY = "73b19491b83909c7e07016f4bb4644f9:2:60667290";
const LIST_NAME = "hardcover-fiction";
const API_STEM = "https://api.nytimes.com/svc/books/v3/lists";

function fetchBooks(list_name = LIST_NAME) {
  let url = `${API_STEM}/${LIST_NAME}?response-format=json&api-key=${API_KEY}`;
  return fetch(url)
    .then(response => response.json())
    .then(responseJson => {
      return responseJson.results.books;
    })
    .catch(error => {
      console.error(error);
    });
```

```
}
export default { fetchBooks: fetchBooks };
```

我们将这个库导入到组件中。

```
import NYT from "./NYT";
```

现在来添加一个 _refreshData 方法，其中会调用《纽约时报》API：

```
_refreshData = () => {
  NYT.fetchBooks().then(books => {
    this.setState({ data: this._addKeysToBooks(books) });
  });
};
```

最后我们需要将初始状态设置为空数组，然后在 componentDidMount 中调用 _refreshData。这样，我们的应用就可以从《纽约时报》畅销书列表中渲染实时的数据！完整的代码如例 4-17 所示，图 4-8 展示了更新后的应用。

例 4-17　src/bestsellers/BookList.js

```
import React, { Component } from "react";

import { StyleSheet, Text, View, Image, FlatList } from "react-native";

import BookItem from "./BookItem";
import NYT from "./NYT";

class BookList extends Component {
  constructor(props) {
    super(props);
    this.state = { data: [] };
  }

  componentDidMount() {
    this._refreshData();
  }

  _renderItem = ({ item }) => {
    return (
      <BookItem
        coverURL={item.book_image}
        title={item.key}
        author={item.author}
      />
    );
  };

  _addKeysToBooks = books => {
    // 给《纽约时报》网站获取到的API响应中的每个对象添加key属性，用于渲染
    return books.map(book => {
      return Object.assign(book, { key: book.title });
```

```
      });
    };

    _refreshData = () => {
      NYT.fetchBooks().then(books => {
        this.setState({ data: this._addKeysToBooks(books) });
      });
    };

    render() {
      return (
        <View style={styles.container}>
          <FlatList data={this.state.data} renderItem={this._renderItem} />
        </View>
      );
    }
  }

  const styles = StyleSheet.create({ container: { flex: 1, paddingTop: 22 } });

  export default BookList;
```

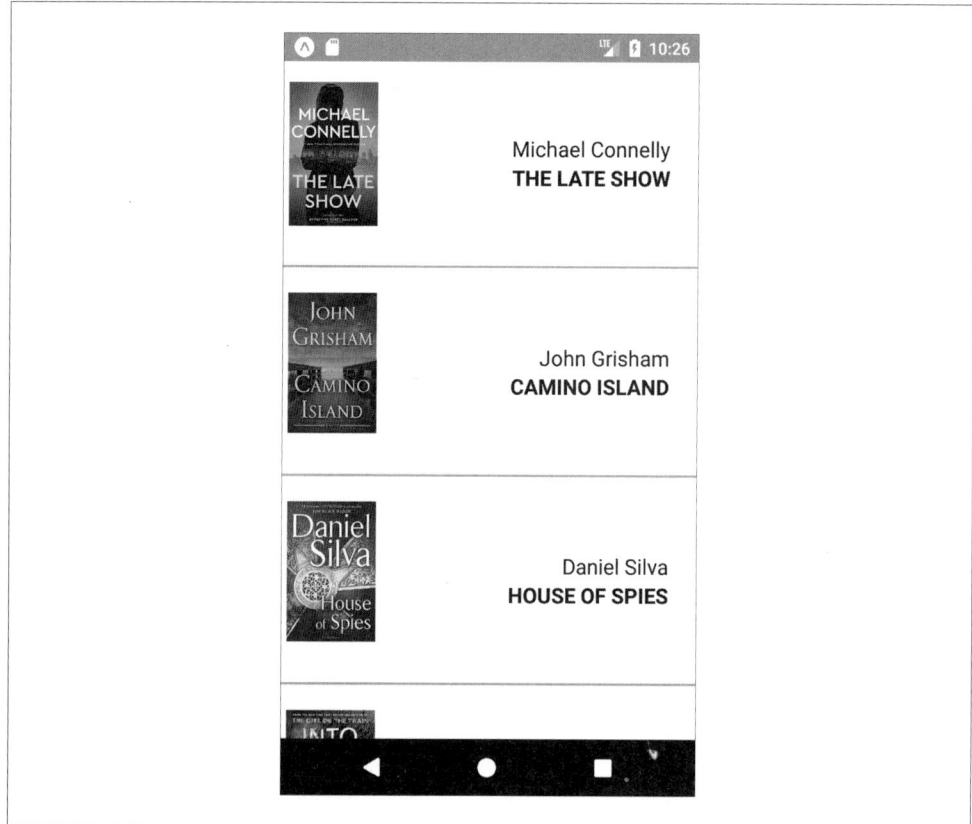

图 4-8：使用 <FlatList> 查看当前畅销书

如你所见，只要你记得合理构造数据，<FlatList> 组件的使用方法就很简单。除了处理滚动和触摸交互，<FlatList> 还包含了许多性能优化，用来加速渲染和减少内存使用。

4.3.4　使用<SectionList>

<SectionList> 组件是为数据集而设计的，在这些数据集中，大部分是同类型的项目，加上可选的章节标题。例如，如果我们想渲染几种不同类型的畅销书列表，其中只有标题上的区别，那么 <SectionList> 就是一个很好的选择。

<SectionList> 接收的参数包括 sections、renderItem 和 renderSectionHeader。我们从 sections 开始介绍，它应该是一个数组，其中的每个对象都包含了章节数据。每一个章节对象都必须包含标题和数据键。数据格式必须和 <FlatList> 中的数据类似，应该是一个数组，其中的每个元素都具有唯一的 key 属性。

我们来更新 _renderData 方法，获取虚构类和非虚构类畅销书的列表，并相应地更新组件状态。

```
_refreshData = () => {
  Promise
    .all([
      NYT.fetchBooks("hardcover-fiction"),
      NYT.fetchBooks("hardcover-nonfiction")
    ])
    .then(results => {
      if (results.length !== 2) {
        console.error("Unexpected results");
      }

      this.setState({
        sections: [
          {
            title: "Hardcover Fiction",
            data: this._addKeysToBooks(results[0])
          },
          {
            title: "Hardcover NonFiction",
            data: this._addKeysToBooks(results[1])
          }
        ]
      });
    });
};
```

我们不需要更新 _renderItem 方法，只需要添加一个新的 _renderHeader 方法即可。

```
_renderHeader = ({ section }) => {
  return (
    <Text style={styles.headingText}>
      {section.title}
```

```
      </Text>
    );
};
```

最后要更新 render 方法,返回 <SectionList>,替代原本的 <FlatList>。

```
<SectionList
  sections={this.state.sections}
  renderItem={this._renderItem}
  renderSectionHeader={this._renderHeader}
/>
```

将以上内容结合起来,我们使用 <SectionList> 的代码应该如例 4-18 所示,更新后应用的显示效果如图 4-9 所示。

例 4-18 src/bestsellers/BookSectionList.js

```
import React, { Component } from "react";

import { StyleSheet, Text, View, Image, SectionList } from "react-native";

import BookItem from "./BookItem";
import NYT from "./NYT";

class BookList extends Component {
  constructor(props) {
    super(props);
    this.state = { sections: [] };
  }

  componentDidMount() {
    this._refreshData();
  }

  _addKeysToBooks = books => {
    // 给《纽约时报》网站获取到的API响应中的每个对象添加key属性,用于渲染
    return books.map(book => {
      return Object.assign(book, { key: book.title });
    });
  };

  _refreshData = () => {
    Promise
      .all([
        NYT.fetchBooks("hardcover-fiction"),
        NYT.fetchBooks("hardcover-nonfiction")
      ])
      .then(results => {
        if (results.length !== 2) {
          console.error("Unexpected results");
        }

        this.setState({
          sections: [
```

```
          {
            title: "Hardcover Fiction",
            data: this._addKeysToBooks(results[0])
          },
          {
            title: "Hardcover NonFiction",
            data: this._addKeysToBooks(results[1])
          }
        ]
      });
    });
  };

  _renderItem = ({ item }) => {
    return (
      <BookItem
        coverURL={item.book_image}
        title={item.key}
        author={item.author}
      />
    );
  };

  _renderHeader = ({ section }) => {
    return (
      <Text style={styles.headingText}>
        {section.title}
      </Text>
    );
  };

  render() {
    return (
      <View style={styles.container}>
        <SectionList
          sections={this.state.sections}
          renderItem={this._renderItem}
          renderSectionHeader={this._renderHeader}
        />
      </View>
    );
  }
}

const styles = StyleSheet.create({
  container: { flex: 1, paddingTop: 22 },
  headingText: {
    fontSize: 24,
    alignSelf: "center",
    backgroundColor: "#FFF",
    fontWeight: "bold",
    paddingLeft: 20,
    paddingRight: 20,
    paddingTop: 2,
    paddingBottom: 2
```

```
    }
});

export default BookList;
```

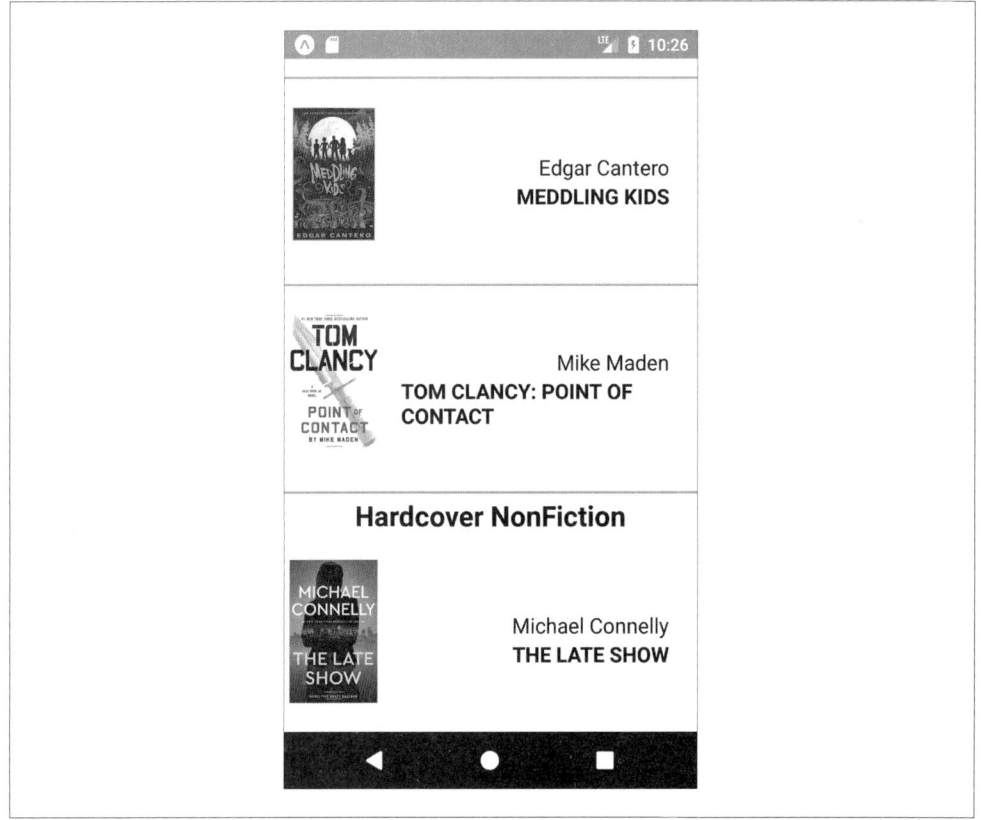

图 4-9：使用 <SectionList> 查看当前畅销书

4.4 导航

移动应用中的导航，大体上是指允许用户从一个屏幕过渡到另一个屏幕的代码。在 Web 中，导航是 window.historyAPI 的一部分，它提供了诸如"后退"和"前进"之类的概念。

在 React Native 中，常用的导航组件包括内置的 <Navigator> 和 <NavigatorIOS> 组件，以及开源社区的一些解决方案，例如 <StackNavigator>（由 react-navigation 库提供）。

为了在移动应用的屏幕之间移动，导航逻辑是必需的。它还可以实现"深层链接"（deep linking），让用户可以通过 URL 跳转到你应用中的特定屏幕上。

第 10 章会继续深入介绍导航。

4.5 其他结构化组件

React Native 中还有许多其他的结构化组件。例如，实用的 <TabBarIOS> 和 <SegmentedControlIOS> 组件（见图 4-10），以及 <DrawerLayoutAndroid> 和 <ToolbarAndroid> 组件等（见图 4-11）。

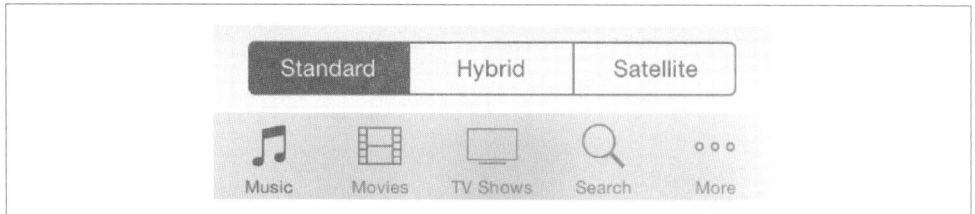

图 4-10：iOS 的 segmented 控制（上）和 tab 组件（下）

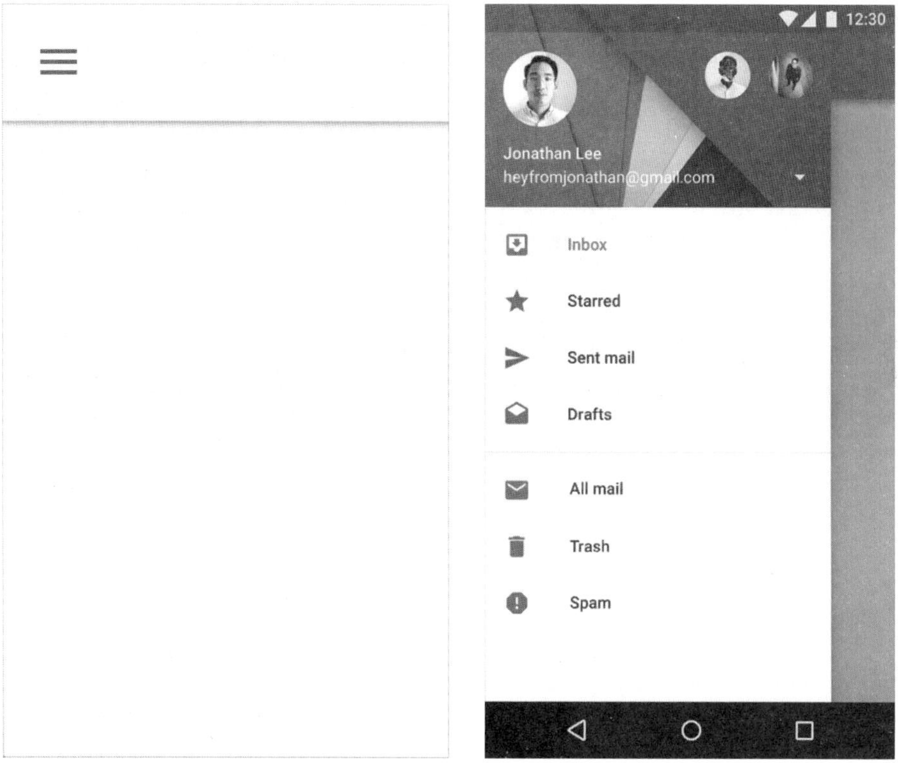

图 4-11：Android 的 toolbar（左）和 drawer 组件（右）

你会发现这些组件都是以特定平台的名称为后缀命名的。这是因为它们为特定平台的 UI 元素封装了原生 API。

这些组件对于组织应用的多个界面来说是非常实用的。例如，<TabBarIOS> 和 <DrawerLayoutAndroid> 组件为你在模式和方法之间的切换提供了一种简便的方法。<SegmentedControlIOS> 和 <ToolbarAndroid> 适合用来做细粒度的控制。

推荐你参考特定平台的设计规范来更好地使用这些组件：

- Android 设计指南（https://developer.android.com/guide/topics/resources/drawable-resource#Bitmap）
- iOS 人机界面指南（https://developer.apple.com/design/human-interface-guidelines/ios/overview/themes/）

第 7 章会进一步介绍平台特定的组件。

4.6 小结

在本章中，我们具体而深入地学习了 React Native 中最重要的一些组件。我们讨论了如何使用基础的底层组件，例如 <Text> 和 <Image>，以及像 <FlatList>、<SectionList> 和 <TabBarIOS> 这样更抽象的组件。同时，我们也学习了如何使用不同的触摸 API 和组件，开发定制的触摸处理函数。

现在，你应该能使用 React Native 开发一些有基础功能的应用了！既然你已经了解了本章中讨论的组件，你会发现基于这些组件或结合这些组件来开发自己的应用与使用 Web 环境的 React 是非常相似的。

当然，能开发出具有基础功能的应用仅仅是我们的征程的一部分。在下一章中，我们将重点了解样式相关的内容，以及如何使用 React Native 的样式来达到移动端上想要的感观体验效果。

第 5 章 样式

能实现具体功能的应用固然是很不错的,但如果你不懂得如何为它添加样式,那么可能不会有很大的进展。在第 3 章中,我们使用基础样式构建了一个天气应用。虽然它让我们对 React Native 组件的样式有了一些大概的了解,但其中忽略了很多细节。本章中我们会更深入地学习 React Native 样式的用法,包括如何创建和管理样式表。当然,还有 React Native 实现 CSS 规则的细节。在学习之后,你应该可以轻松自如地为 React Native 组件或应用添加样式了。

如果想在 React Native 和 Web 应用之间共享样式,GitHub 上的 React Style 项目(https://github.com/js-next/react-style)提供了一种在 Web 上使用 React Native 样式的解决方案。

5.1 声明和操作样式

当使用 Web 环境的 React 时,我们通常使用分离的样式表文件,它们可能使用 CSS、SASS 或 LESS 编写。但 React Native 采用了一种完全不同的方式,它将样式完全带入了 JavaScript 的世界,强制你显式地链接样式和组件。这种方式引起了巨大的反响,因为它彻底摈弃了基于 CSS 的样式规范。

为了理解 React Native 样式的设计思想,首先需要考虑一些传统 CSS 样式表的痛点。[1] 传统 CSS 存在许多问题,所有的 CSS 规则和类名都在全局作用域里,如果不注意,一个组件样式就很容易会影响到其他组件。例如,引入 Twitter 公司很流行的 Bootstrap 类库的同时也

注 1:Christopher Chedeau(即 Vjeux)的幻灯片 *CSS in JS* 提供了一个很好的概览(https://speakerdeck.com/vjeux/react-css-in-js)。

会引进 600 多个新的全局变量。CSS 并非显式地链接 HTML 元素，因此想消除无用的代码会变得很困难，并且不容易确定哪种样式会被应用到指定元素上。

像 SASS 和 LESS 这样的语言尝试替代 CSS 不尽如人意的部分，但许多类似的基本问题仍然存在。使用 React 让我们有机会保留 CSS 可取的部分，也可以避免一些有歧义的部分。React Native 实现了 CSS 可用样式的一个子集，在不损失高度表达能力的前提下能够保持样式 API 的简洁性。然而，`position` 属性是完全不同的，我们在本章后面会学习到。并且，React Native 不支持伪类、动画或选择器。文档中可以查看支持的属性列表。

React Native 采用基于 JavaScript 的样式**对象**来代替传统样式表。它强制 JavaScript 代码和组件保持模块化，这也是 React Native 的巨大优势之一。通过把样式引入到 JavaScript 领域，React Native 让我们也可以编写模块化的样式。

在这一节中，我们将学习如何在 React Native 中创建并操作样式对象。

5.1.1　内联样式

从语法上来看，内联样式是 React Native 中编写组件样式最简单的一种方法，虽然它们通常并不是**最佳**方式。正如例 5-1 所示，React Native 中内联样式的语法和浏览器上的 React 是一样的。

例 5-1　使用内联样式

```
<Text>
  The quick <Text style={{fontStyle: "italic"}}>brown</Text> fox
  jumped over the lazy <Text style={{fontWeight: "bold"}}>dog</Text>.
</Text>
```

内联样式有一些优势，它们简单粗暴，让你可以快速地调试。

但是由于它们比较低效，一般情况下应该避免使用。内联样式对象会在每一个渲染周期都被重新创建。即使你想根据 `props` 或 `state` 对样式作修改，也不一定需要使用内联样式，我们马上来看一看应该怎么做。

5.1.2　对象样式

如果你看过内联样式的语法，会发现可以给 `style` 属性传入一个对象。我们没有必要在每一次调用 `render` 方法时都重新创建样式对象，所以可以把它们分离出来，如例 5-2 所示。

例 5-2　style 属性接收一个 JavaScript 对象

```
const italic = {
  fontStyle: "italic"
};
const bold = {
  fontWeight: "bold"
```

```
      };
      ...
      render() {
        return (
          <Text>
            The quick <Text style={italic}>brown</Text> fox
            jumped over the lazy <Text style={bold}>dog</Text>.
          </Text>
        );
      }
```

5.1.3　使用Stylesheet.create

你会发现几乎所有的 React Native 示例代码都使用了 Stylesheet.create 方法。这个函数是一小段的语法糖，其中加上了一点额外的好处。

通过创建 StyleSheet 来取代传递原始的 JavaScript 对象，可以减少内存分配数（从而提高性能）。它还鼓励你更加整洁地组织代码。StyleSheet 是不可变的，通常能够带来一些便利。

虽然没有严格要求必须使用 Stylesheet.create，但是一般来说，它是个不错的选择。

有些时候，由 Stylesheet.create 提供的不可变性弊大于利，例 4-10 的 PanDemo.js 就是一个很好的反例。回想一下，我们需要根据触摸运动更新圆形的位置；换言之，每一次我们从 PanResponder 接收到更新的数据，都需要去更新 state 以及圆形的样式。在这种情况下，根本不需要不可变性，至少控制圆形位置的样式是需要改变的。因此，可以使用简单对象来储存圆形的样式。

5.1.4　样式拼接

如果想拼接两个以上的样式，应该怎么做呢？

先前已经提到过，相比于样式，我们更喜欢复用样式组件。这是正确的，但有时候可能也需要复用样式。例如，有一个按钮（button）样式和一个重点文本（accentText）样式，你可能想结合二者来创建一个重点按钮（AccentButton）组件。

假设你的样式看起来是这样的：

```
      const styles = Stylesheet.create({
        button: {
          borderRadius: "8px",
          backgroundColor: "#99CCFF"
        },
        accentText: {
          fontSize: 18,
          fontWeight: "bold"
```

```
    }
});
```

然后通过简单地拼接样式创建了一个拥有**两种**样式的组件（见例 5-3）。

例 5-3　style 属性也可以接收一个对象数组

```
class AccentButton extends Component {
  render() {
    return (
      <Text style={[styles.button, styles.accentText]}>
        {this.props.children}
      </Text>
    );
  }
}
```

正如你所看到的，style 属性可以接收一个样式对象数组。如果愿意的话，也可以在这里添加内联样式（见例 5-4）。

例 5-4　可以混合样式对象与内联样式

```
class AccentButton extends Component {
  render() {
    return (
      <Text style={[styles.button, styles.accentText, {color: "#FFFFFF"}]}>
        {this.props.children}
      </Text>
    );
  }
}
```

如果遇到冲突，比如两个对象都指定了相同的属性，React Native 会帮我们解决冲突。样式数组中最右边的样式有最高优先权，并且空值（false、null 和 undefined）会被忽略。

你可以利用这个特性来使用条件性的样式，例如，我们有一个 <Button> 组件，希望它在被触摸的时候添加额外的样式，那么可以这样来编写代码（见例 5-5）。

例 5-5　使用条件样式

```
<View style={[styles.button, this.state.touching && styles.highlight]} />
```

这种方式可以帮助保持渲染逻辑的简洁性。

总而言之，样式拼接是结合样式的一种实用的方法。对比一下 Web 样式的做法，在 SASS 中我们采用 @extend 关键字，或者在原生 CSS 中对类进行嵌套和重写。样式拼接是一种更为受限的工具，但它也有一定的长处：它保持了逻辑的简洁性，并且更容易推导出元素使用了何种样式以及是如何使用的。

5.2 组织和继承

目前大多数的例子中都是将样式代码放在主 JavaScript 文件中，并通过调用 Stylesheet.create 来创建的。对于示例代码，这种方法是可行的，但并不适用于实际应用开发。那么应该怎样组织样式呢？在这一节中，我们将一起来学习组织样式的方法以及如何共享和继承样式。

5.2.1 导出样式对象

随着样式变得越来越复杂，你将会考虑把它们从组件 JavaScript 代码中分离出来。一种常用的方法是通过组件来划分目录。假设有一个名为 <ComponentName> 的组件，你可以创建一个名为 ComponentName/ 的目录，它的结构如下：

```
- ComponentName
  |- index.js
  |- styles.js
```

随后在 styles.js 文件中创建并导出样式表（见例 5-6）。

例 5-6　从 JavaScript 文件中导出样式

```javascript
import { StyleSheet } from "react-native";

const styles = StyleSheet.create({
  text: {
    color: "#FF00FF",
    fontSize: 16
  },
  bold: {
    fontWeight: "bold"
  }
});

export default styles;
```

在 index.js 中，我们可以导入样式：

```javascript
import styles from "./styles";
```

接着，我们就可以在组件中使用了（见例 5-7）。

例 5-7　从外部 JavaScript 文件中导入样式

```javascript
import React, { Component } from "react";
import { StyleSheet, View, Text } from "react-native";
import styles from "./styles";

class ComponentName extends Component {
  render() {
    return (
```

```
      <Text style={[styles.text, styles.bold]}>
        Hello, world
      </Text>
    );
  }
}
```

5.2.2 样式作为属性传递

样式还可以通过组件属性进行传递。

你可以用这个方法开发出可扩展的组件，从而更有效地被父组件控制流程和操作样式。例如，一个组件接收一个可选的样式属性（见例 5-8）。通过这种方式来模仿 CSS 的"层叠"是一种好方法。

例 5-8　组件通过属性接收样式对象

```
import React, { Component } from "react";
import { View, Text } from "react-native";

class CustomizableText extends Component {
  render() {
    return (
      <Text style={[{fontSize: 18}, this.props.style]}>
        Hello, world
      </Text>
    );
  }
}
```

通过把 this.props.style 放置在样式数组的末尾，我们确保可以重写默认属性。

5.2.3 复用和共享样式

通常我们更喜欢复用有样式的组件，而不是复用样式，但确实存在一些情况，使得我们需要在组件间共享样式。这时候，常用的办法是把项目大概组织成下面这样：

```
- js
  |- components
     |- Button
        |- index.js
        |- styles.js
  |- styles
     |- styles.js
     |- colors.js
     |- fonts.js
```

通过划分组件和样式到不同的目录中，你可以基于环境更清晰地保持每一个文件的预期用途。一个组件的目录应该包含 React 类，以及任何组件特定的文件。共享的样式应该放置在组件目录之外。共享样式可以包含像调色板、字体、标准内外边距等信息。

styles/styles.js 包含所有共享的样式文件，并进行了统一导出。然后你的组件可以导入 styles.js 文件，根据需要使用它们。或者，你可能更喜欢直接从 styles/ 目录导入特定的样式。

由于现在我们已经将样式移到了 JavaScript 中，怎样组织样式也成为了项目代码结构需要考虑的一部分，但是这里没有唯一正确的方法。

5.3 定位和设计布局

React Native 的样式功能使用中最大的一个改变是定位。CSS 支持多种定位技术，例如 `float`（浮动）、绝对定位、表格布局和块级布局等方法，这很容易使人迷惑。React Native 的定位方案则更加专注，主要依赖于 flexbox 和绝对定位，结合一些诸如 `margin` 和 `padding` 这样的属性。在这一节中，我们将学习如何在 React Native 中设计布局，并尝试开发一个蒙德里安画风（以抽象几何图案为特点）的布局应用。

5.3.1 使用flexbox布局

flexbox 是一个 CSS3 的布局模式。不像现有的块级和内联的布局方式，flexbox 给予我们一种无方向的设计布局的方案。是的，垂直居中终于变得容易了！React Native 重度依赖于 flexbox。如果你想阅读完整的说明，可以从 MDN 文档（https://developer.mozilla.org/en-US/docs/Web/CSS/CSS_Flexible_Box_Layout/Using_CSS_flexible_boxes）开始。

在 React Native 中，下列 flexbox 属性是可用的：

- `flex`
- `flexDirection`
- `flexWrap`
- `alignSelf`
- `alignItems`

并且，这些相关的属性也会影响布局：

- `height`
- `width`
- `margin`
- `border`
- `padding`

如果你曾经在 Web 平台使用过 flexbox，那么这里不会有太多的惊喜。flexbox 在 React Native 的设计布局中是至关重要的，所以这里我们将花一些时间来探索一下它的用法。

flexbox 背后主要的思想是创建可预见结构的布局，即使给定动态尺寸的元素也能够创建。

因为我们为移动设备设计布局，需要适应多屏幕尺寸和方向，所以这是一个非常实用（甚至可以说是必要）的功能。

我们从父元素 <View> 和一些子元素开始：

```
<View style={styles.parent}>
  <Text style={styles.child}> Child One </Text>
  <Text style={styles.child}> Child Two </Text>
  <Text style={styles.child}> Child Three </Text>
</View>
```

然后，为视图添加一些基础的样式，但尚未涉及定位：

```
const styles = StyleSheet.create({
  parent: {
    backgroundColor: '#F5FCFF',
    borderColor: '#0099AA',
    borderWidth: 5,
    marginTop: 30
  },
  child: {
    borderColor: '#AA0099',
    borderWidth: 2,
    textAlign: 'center',
    fontSize: 24,
  }
});
```

最终的布局如图 5-1 所示。

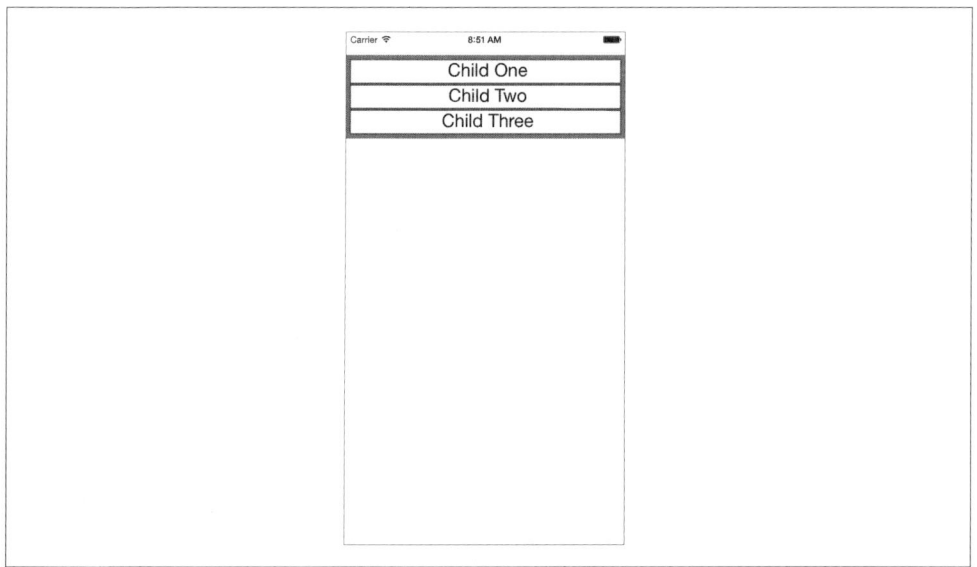

图 5-1：添加 flex 属性之前的布局情况

72 | 第 5 章

接下来，分别为父子元素添加 flex 属性。通过添加 flex 属性，我们明确地将它选为 flexbox 模式。flex 需要一个数字，这个数字决定了子元素获得相对权重的大小。把它们都设置为 1，就获得了相等的权重。

设置 flexDirection: 'column'，使得组件纵向排列。如果设置 flexDirection: 'row'，那么子元素就会横向排列。改变的样式可以查看例 5-9。图 5-2 对比了不同值对布局的影响情况。

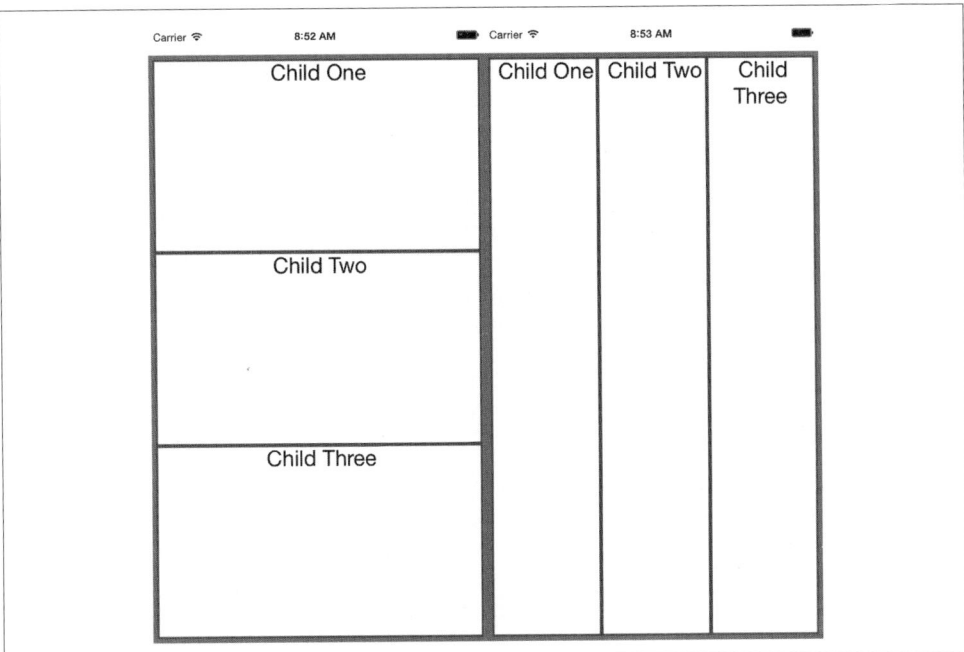

图 5-2：设置基础的 flex 和 flexDirection 属性；设置 flexDirection 属性为 column（左）和 row（右）

例 5-9　flex 和 flexDirection 属性的变化

```
const styles = StyleSheet.create({
  parent: {
    flex: 1,
    flexDirection: 'column',
    backgroundColor: '#F5FCFF',
    borderColor: '#0099AA',
    borderWidth: 5,
    marginTop: 30
  },
  child: {
    flex: 1,
    borderColor: '#AA0099',
    borderWidth: 2,
    textAlign: 'center',
    fontSize: 24,
  }
});
```

如果我们添加了 alignItems 属性，那么子元素将不再自动扩展填充水平和垂直两个方向上可用的空间。我们设置了 flexDirection: 'row'，因此会自动填充行。然而现在它们只会尽可能占据垂直方向上它们所需的空间。

并且，alignItems 属性决定了它们在交叉轴上的**位置**。交叉轴与 flexDirection 正交，因此它们是相互垂直的。flex-start 会把子元素放置在顶部，center 将其居中，flex-end 则将其放置在底部。

让我们一起来看看添加 alignItems 属性之后发生了什么吧（结果如图 5-3 所示）。

```
const styles = StyleSheet.create({
  parent: {
    flex: 1,
    flexDirection: "row",
    alignItems: "flex-start",
    backgroundColor: "#F5FCFF",
    borderColor: "#0099AA",
    borderWidth: 5,
    marginTop: 30
  },
  child: {
    flex: 1,
    borderColor: "#AA0099",
    borderWidth: 2,
    textAlign: "center",
    fontSize: 24,
  }
});
```

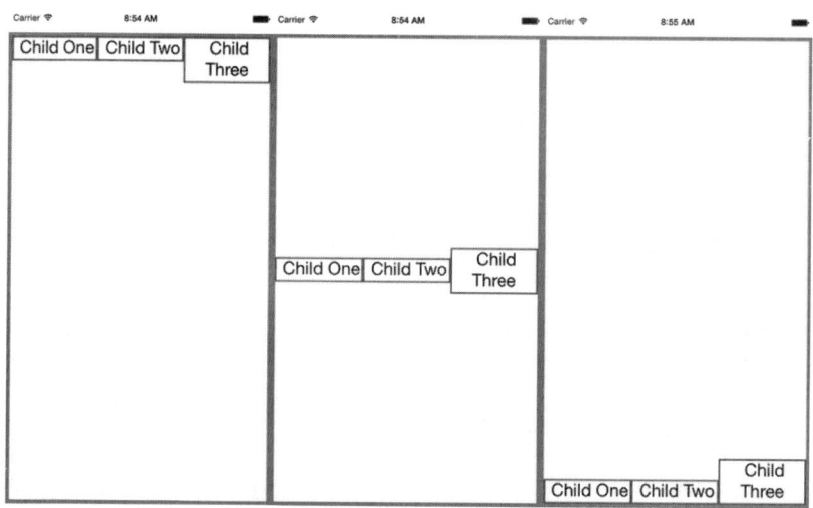

图 5-3：设置 alignItems 在交叉轴上定位子元素，交叉轴与 flexDirection 正交；这里分别设置了 flex-start、center 和 flex-end

5.3.2 使用绝对定位

除了 flexbox，React Native 也支持绝对定位，其工作方式基本上与 Web 上的一致，你可以通过设置 position 属性来启用绝对定位。

```
position: absolute
```

接着可以通过 left、right、top 和 bottom 这些熟悉的属性控制组件的定位。

一个绝对定位的子元素的坐标是相对于父元素的位置而存在的，因此你可以在父元素上使用 flexbox，然后在子元素上使用绝对定位。

但是此处仍然有一些限制，例如我们没有 z-index 属性，因此定位相互层叠视图会有一些复杂。一般来说，一组视图的最后一个元素有最高的优先级。

绝对定位非常实用。举例来说，如果你想在状态栏下创建一个容器视图，那么使用绝对定位就十分容易：

```
container: {
  position: "absolute",
  top: 30,
  left: 0,
  right: 0,
  bottom: 0
}
```

5.3.3 学以致用

现在尝试使用定位技术来创建一个相对复杂的布局。先前提到过，我们要模仿蒙德里安的画风。图 5-4 是最终的布局效果。

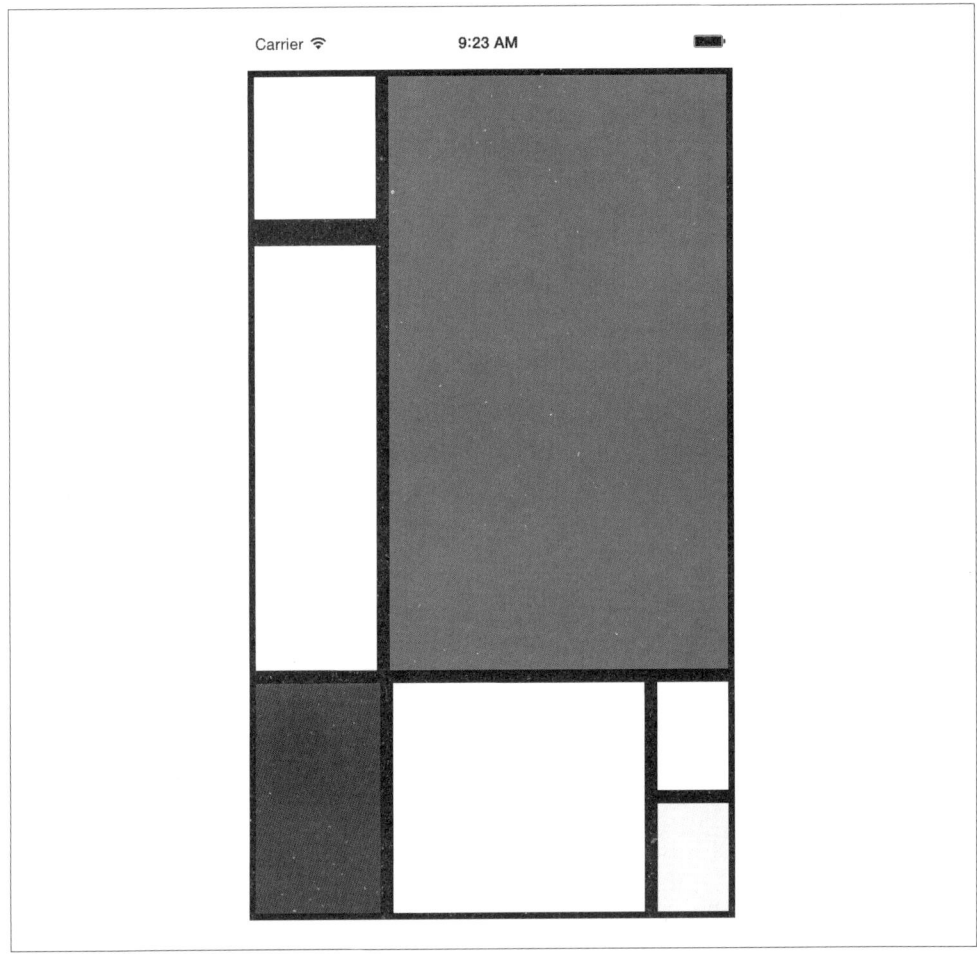

图 5-4：使用 flexbox 设计布局

我们应该怎样做才能实现这样的布局呢？

首先，创建一个 parent 样式作为容器。我们将会在父元素上使用绝对定位，因为这是最合适的：除了屏幕顶部状态栏的 30 像素的偏移之外，我们希望它可以填充所有的空间。我们同时也设置 flexDirection 为 column：

```
parent: {
  flexDirection: "column",
  position: "absolute",
  top: 30,
  left: 0,
  right: 0,
  bottom: 0
}
```

再看看这张图，我们可以把它分割成几个较大的格子。这些分割都是任意的，因此选择任意一种方式切割即可。图 5-5 展示了分割布局的一种方式。

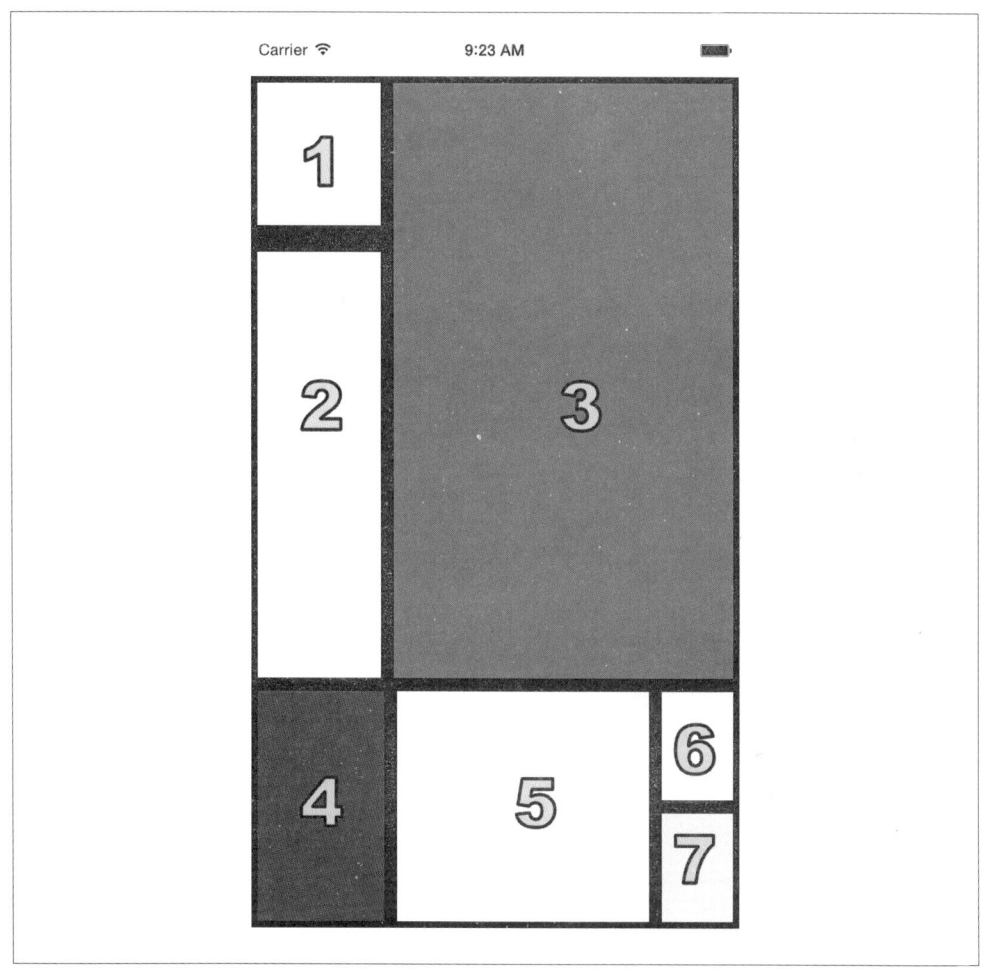

图 5-5：添加样式的顺序

起初我们把布局切分成顶部和底部两个格子：

```
<View style={styles.parent}>
  <View style={styles.topBlock}>
  </View>
  <View style={styles.bottomBlock}>
  </View>
</View>
```

然后创建下一层，它包含一个"左列"和"右底"部分，以及样式名为 cellThree、cellFour 和 cellFive 的 <View> 组件。

```jsx
<View style={styles.parent}>
  <View style={styles.topBlock}>
    <View style={styles.leftCol}>
    </View>
    <View style={[styles.cellThree, styles.base]} />
  </View>
  <View style={styles.bottomBlock}>
    <View style={[styles.cellFour, styles.base]}/>
    <View style={[styles.cellFive, styles.base]}/>
    <View style={styles.bottomRight}>
    </View>
  </View>
</View>
```

最后一个部分包含了所有的 7 个 cell，例 5-10 展示了整个组件的代码。

例 5-10 Styles/Mondrian/index.js

```jsx
import React, { Component } from "react";
import { StyleSheet, Text, View } from "react-native";

import styles from "./style";

class Mondrian extends Component {
  render() {
    return (
      <View style={styles.parent}>
        <View style={styles.topBlock}>
          <View style={styles.leftCol}>
            <View style={[styles.cellOne, styles.base]} />
            <View style={[styles.base, styles.cellTwo]} />
          </View>
          <View style={[styles.cellThree, styles.base]} />
        </View>
        <View style={styles.bottomBlock}>
          <View style={[styles.cellFour, styles.base]} />
          <View style={[styles.cellFive, styles.base]} />
          <View style={styles.bottomRight}>
            <View style={[styles.cellSix, styles.base]} />
            <View style={[styles.cellSeven, styles.base]} />
          </View>
        </View>
      </View>
    );
  }
}

export default Mondrian;
```

现在添加样式，使其生效（见例 5-11）。

例 5-11　Styles/Mondrian/style.js

```
import React from "react";
import { StyleSheet } from "react-native";

const styles = StyleSheet.create({
  parent: {
    flexDirection: "column",
    position: "absolute",
    top: 30,
    left: 0,
    right: 0,
    bottom: 0
  },
  base: { borderColor: "#000000", borderWidth: 5 },
  topBlock: { flexDirection: "row", flex: 5 },
  leftCol: { flex: 2 },
  bottomBlock: { flex: 2, flexDirection: "row" },
  bottomRight: { flexDirection: "column", flex: 2 },
  cellOne: { flex: 1, borderBottomWidth: 15 },
  cellTwo: { flex: 3 },
  cellThree: { backgroundColor: "#FF0000", flex: 5 },
  cellFour: { flex: 3, backgroundColor: "#0000FF" },
  cellFive: { flex: 6 },
  cellSix: { flex: 1 },
  cellSeven: { flex: 1, backgroundColor: "#FFFF00" }
});

export default styles;
```

5.4　小结

本章介绍了 React Native 样式的使用方法。虽然大部分原理与 Web 环境的 CSS 一致，但 React Native 为样式引入了一个不同的结构和使用方法。这里有许多新的内容需要消化！现在，你应该能够熟练使用 React Native 的样式功能来开发你想要的移动界面了。最妙的是，试验样式功能非常容易：模拟器上"重载"的功能赋予了我们紧凑的反馈回路。（在传统的移动应用开发中，编辑样式通常都需要重新构建应用，这很不值得。）

如果你想做更多样式方面的练习，可以回到前面的《纽约时报》畅销图书应用或天气应用，尝试调整它们的样式和布局。后面的章节会开发更多示例应用，你也将得到更多素材用于练习。

第 6 章
平台API

当你开发移动应用时,自然会想到使用宿主平台的特定 API。React Native 使开发者很容易就能使用诸如摄像头、地理定位和持久化存储这样的 API。React Native 通过引入模块的方式调用这些平台 API,并为我们提供了方便的异步 JavaScript API 来调用底层的功能。

React Native 默认没有封装所有的宿主平台 API,一些平台 API 需要你自己封装或者使用 React Native 社区封装的模块。第 7 章将会介绍这部分的内容。React Native 官方文档是查看 API 支持情况最好的参考。

本章将介绍一些可用的平台 API。在本章的例子中,我们将对之前的天气应用做一些改动,为它添加地理定位的功能,使应用可以自动检测用户的位置。此外我们还将添加"记忆"功能,使其能够保存先前的搜索记录。最后,我们允许用户自行从相册中选择背景图片。

本章中每一节都会展示相应的代码片段。此外,该应用完整的代码包含在 6.4 节中。

6.1 使用定位API

对于移动应用来说,获取用户的定位信息是非常有用的。它允许你根据用户的相关信息更好地为用户提供服务。地理定位信息也在大量应用中被广泛使用。

React Native 内置支持定位功能。这是一个平台无关的兼容性 API。它基于 MDN 的 Web 地理定位 API 规范返回数据。我们使用规范的定位 API,因此不需要操心平台相关的问题,比如地理服务以及编写完全兼容的位置感知的功能。

6.1.1　获取用户地理位置

使用地理定位 API 获取用户的位置信息轻而易举。如例 6-1 所示，我们需要调用 navigator.geolocation。

例 6-1　调用 navigator.geolocation 获取用户位置

```
navigator.geolocation.getCurrentPosition(
  (position) => {
    console.log(position);
  },
  (error) => {alert(error.message)},
  {enableHighAccuracy: true, timeout: 20000, maximumAge: 1000}
);
```

位置信息会打印到 JavaScript 控制台中。查看 9.1.2 节可以了解控制台是如何使用的。

该 API 遵循了地理定位标准 API 的规范，因此我们不需要单独导入它，非常容易使用。

getCurrentPosition 方法需要接收 3 个参数：成功回调函数、失败回调函数以及一系列的可选参数（geoOptions），其中成功回调函数是必需的。

传入成功回调函数的 position 对象包含了坐标信息和一个时间戳。例 6-2 展示了信息的格式和可能的值。

例 6-2　调用 getCurrentPosition 的返回值格式样本

```
{
  coords: {
    speed:-1,
    longitude:-122.03031802,
    latitude:37.33259551999998,
    accuracy:500,
    heading:-1,
    altitude:0,
    altitudeAccuracy:-1
  },
  timestamp:459780747046.605
}
```

geoOptions 必须是一个对象，它可以有这些键值：timeout、enableHighAccuracy 和 maximumAge。timeout 是其中最重要的参数，因为它可能会影响应用的逻辑。

请注意，直到你将正确的权限添加到 Info.plist 文件（对应 iOS）或者 AndroidManifest.xml（对应 Android）之前，上述代码是不会生效的。接下来我们会讨论这一问题。

6.1.2　处理权限问题

定位数据属于敏感信息，因此默认情况下没有被启用。你的应用应该能够处理申请此权限被接受或被拒绝这两种情况。

大多数的移动应用平台都有定位权限这样的概念。比如在 iOS 平台上，用户可以选择完全阻止定位服务，或者逐一管理应用的权限。如果用户拒绝了应用的权限申请，应用应该永远做好定位服务调用失败的准备。

要访问位置数据，首先你需要在应用中声明打算使用位置数据。

在 iOS 平台上，你要在 Info.plist 文件中引入 NSLocationWhenInUseUsageDescription 这个键。当你创建新的 React Native 项目时，应该已经默认包含它了。

在 Android 平台上，你需要往 AndroidManifest.xml 文件中添加以下内容：

    <uses-permission android:name="android.permission.ACCESS_FINE_LOCATION" />

应用程序第一次申请定位服务时，用户将会看到如图 6-1 所示的权限对话框。

图 6-1：定位请求

当对话框处于激活状态时，不会触发回调函数。一旦用户点击任意一个选项之后，对应的回调函数就会被调用。设置会被保存起来，因此用户下一次不需要再选择。

假如用户拒绝了权限申请，如果愿意的话，你可以不做任何处理，但是大多数应用通常会重新申请一次权限。

6.1.3　在模拟器上测试定位

你很可能会在模拟器上完成大部分的开发和测试工作，或者至少是在办公桌上完成的。那么怎样才能测试不同的位置呢？

iOS 模拟器可以轻而易举地模拟不同的位置，默认情况下会定位到美国加利福尼亚州附近的 Apple 公司总部，但是通过菜单中的 Debug → Location → Custom Location... 选项可以指定任何其他的坐标（见图 6-2）。

图 6-2：从 iOS 模拟器中选择位置

在 Android 模拟器上，你同样可以选择要发送的 GPS 坐标（见图 6-3）。你甚至可以导入数据并控制回放速度，以模拟位置的变化。

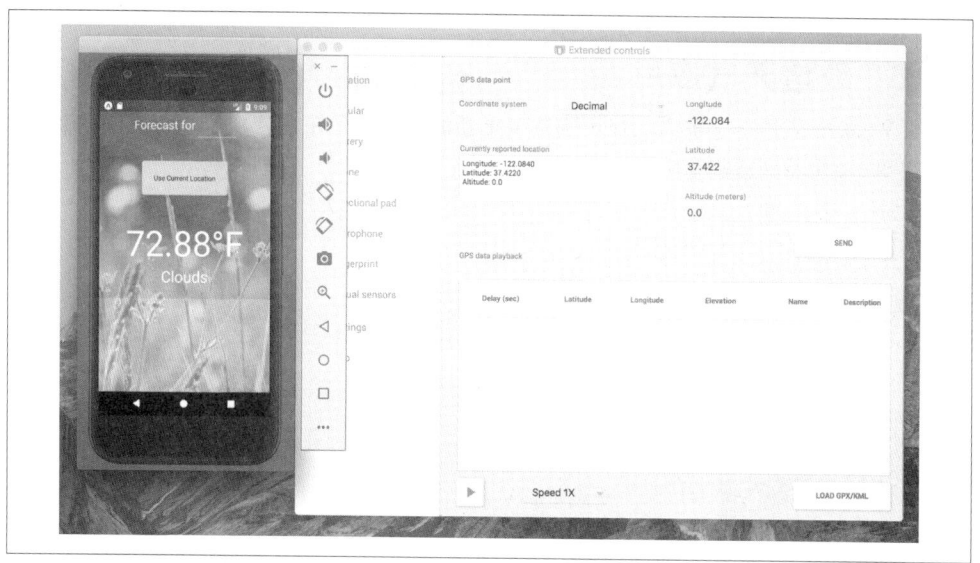

图 6-3：从 Android 模拟器中选择位置

平台API | 83

通过选择不同的位置进行功能测试是个很好的实践方法。当然，为了严谨，你应该部署到真实物理设备上进行测试。

6.1.4　监听用户位置

你也可以监听用户的位置，每当位置变化时就会收到更新。这个功能可以用来长期记录用户的位置，或者用来保证应用接收到的是最新的位置信息：

```
this.watchID = navigator.geolocation.watchPosition((position) => {
  this.setState({position: position});
});
```

注意，你也可以在组件被卸载时清除监听器：

```
componentWillUnmount() {
  navigator.geolocation.clearWatch(this.watchID);
}
```

6.1.5　限制

因为定位 API 基于 MDN 规范，所以它失去了一些更高级的基于定位的功能。例如，iOS 系统提供了"地理围栏"的 API，该 API 会在用户进入指定地理区域（**地理围栏**）之后通知应用。React Native 暂时还不支持这个 API。

这意味着，如果你要使用基于定位的功能的话，因为它没有包含在 MDN 定位规范中，所以你需要自己移植 API。

6.1.6　改进天气应用

SmarterWeather 应用是之前天气应用的一个更新的版本，现在它利用了地理定位 API。你可以在图 6-4 中看到这些变化。

图 6-4：基于用户当前位置显示天气预报

最值得一提的是 <LocationButton> 组件，它获取用户当前的位置并在点击之后触发回调函数。<LocationButton> 的代码在例 6-3 中。

例 6-3　smarter-weather/LocationButton/index.js——点击按钮，获取用户位置

```
import React, { Component } from "react";

import Button from "./../Button";
import styles from "./style.js";

const style = { backgroundColor: "#DDDDDD" };

class LocationButton extends Component {
  _onPress() {
    navigator.geolocation.getCurrentPosition(
      initialPosition => {
        this.props.onGetCoords(
          initialPosition.coords.latitude,
          initialPosition.coords.longitude
        );
      },
      error => {
```

平台API | 85

```
        alert(error.message);
      },
      { enableHighAccuracy: true, timeout: 20000, maximumAge: 1000 }
    );
  }

  render() {
    return (
      <Button
        label="Use Current Location"
        style={style}
        onPress={this._onPress.bind(this)}
      />
    );
  }
}

export default LocationButton;
```

<LocationButton> 使用的 <Button> 组件代码见于本章结尾,它在 <TouchableHighlight> 中简单地封装了一个 <Text> 组件,并添加了一些基础的样式。

同时,我们也要更新 weather_project.js 主文件,使其支持两种查询方式(见例 6-4)。幸运的是,OpenWeatherMap API 同时支持基于经纬度和邮编的查询方式。

例 6-4 添加 _getForecastForCoords 和 _getForecastForZip 方法

```
const WEATHER_API_KEY = 'bbeb34ebf60ad50f7893e7440a1e2b0b';
const API_STEM = 'http://api.openweathermap.org/data/2.5/weather?';

...

_getForecastForZip: function(zip) {
  this._getForecast(
    `${API_STEM}q=${zip}&units=imperial&APPID=${WEATHER_API_KEY}`);
},

_getForecastForCoords: function(lat, lon) {
  this._getForecast(
    `${API_STEM}lat=${lat}&lon=${lon}&units=imperial&APPID=${WEATHER_API_KEY}`);
},

_getForecast: function(url, cb) {
  fetch(url)
    .then((response) => response.json())
    .then((responseJSON) => {
      console.log(responseJSON);
      this.setState({
        forecast: {
          main: responseJSON.weather[0].main,
          description: responseJSON.weather[0].description,
          temp: responseJSON.main.temp
        }
      });
```

```
      })
      .catch((error) => {
        console.warn(error);
      });
  }
```

最后，我们在主视图导入 <LocationButton> 组件，将 _getForecastForCoords 作为回调函数。

```
<LocationButton onGetCoords={this._getForecastForCoords}/>
```

这里省略了样式的更新，因为应用完整的代码已经附在本章结尾。

如果你要正式上线给用户使用，那么还有大量的工作需要完成。例如，一个完整的应用应该有更好的错误提示以及更完善的界面反馈等。但是获取定位信息这样基础的功能确实是出乎意料地简单！

6.2　使用用户图片与摄像头

这部分需要项目的原生代码

本节中的示例，仅适用于使用 react-native-init 创建的项目或使用 create-react-native-app "弹出" 的项目。要了解更多信息，请参见附录 C。

能够使用本地图片和摄像头是许多移动应用又一个重要的功能。在这一节中，我们将探索如何与用户图片数据和摄像头交互。

本节仍然使用 SmarterWeather 这个项目，让它可以读取用户本地的图片作为应用背景。

6.2.1　使用相机模块进行交互

React Native 提供了一个相机的 API——获取用户设备本地的图片或从摄像头拍摄照片。

与相机模块交互最基础的用法并不是太复杂。首先需要照常导入 CameraRoll 模块。

```
import { CameraRoll } from "react-native";
```

然后，我们使用该模块来获取用户图片相关的信息，如例 6-5 所示。

例 6-5　CameraRoll.getPhotos 的基础用法

```
CameraRoll.getPhotos(
  {first: 1},
  (data) => {
    console.log(data);
  },
  (error) => {
    console.warn(error);
  });
```

我们通过合适的参数来调用 getPhotos 方法，它返回了一些相机图像的相关数据。

在 SmarterWeather 应用中，我们用一个新的组件 <PhotoBackdrop>（见例 6-6）替换最顶层的 <Image> 组件。目前 <PhotoBackdrop> 组件只是简单地从用户的相机获取最新图片。

例 6-6　smarter-weather/PhotoBackdrop/index.js

```js
import React, { Component } from "react";

import { Image, CameraRoll } from "react-native";

import styles from "./style";

class PhotoBackdrop extends Component {
  constructor(props) {
    super(props);
    this.state = { photoSource: null };
  }

  componentDidMount() {
    CameraRoll.getPhotos({ first: 1 }).then(data => {
      this.setState({ photoSource: { uri: data.edges[3].node.image.uri } });
    }, error => {
      console.warn(error);
    });
  }

  render() {
    return (
      <Image
        style={styles.backdrop}
        source={this.state.photoSource}
        resizeMode="cover"
      >
        {this.props.children}
      </Image>
    );
  }
}

export default PhotoBackdrop;
```

CameraRoll.getPhotos 需要 3 个参数：一个带参数的对象、一个成功回调函数和一个错误回调函数。

6.2.2　通过getPhotoParams获取图片

getPhotoParams 对象接收一系列参数。可以从 React Native 源码（https://github.com/facebook/react-native/blob/master/Libraries/CameraRoll/CameraRoll.js#L46）查看哪些是可用的参数。

first

数字类型,想要逆序显示的照片数目(即最新保存的照片)。

after

字符串类型,一个匹配前一次调用 getPhotos 的 page_info {end_cursor} 信息的指针。

groupTypes

字符串类型,指定特定的组别来过滤结果。可能是 Album、All 和 Event 等值。完整的 GroupTypes 可在源码中查看。

groupName

字符串类型,在该组指定一个过滤器,例如 Recent Photos 或一个相册名称。

assetType

值为 All、Photos 或 Videos 中的一个,为资源类型指定一个过滤器。

mimeTypes

字符串数组类型,基于 MIME 类型进行过滤(例如 image/jpeg)。

例 6-5 中简单地使用了 getPhotos 方法,我们的 getPhotoParams 对象相当简洁:

```
{first: 1}
```

简单来说,这指明了我们要寻找最近的图片。

6.2.3　从相机渲染一张图片

从相机获取图片之后应该怎样渲染呢?让我们来看成功回调函数:

```
(data) => {
  this.setState({
    photoSource: {uri: data.edges[0].node.image.uri}
  })},
```

这个数据对象的结构不是非常直观,因此你可以使用调试器来审查对象。每一个 data.edges 中的对象都用一个节点(node)属性来表示一张图片。我们可以从这里获取实际资源的 URI。

你可能会想到,一个 <Image> 组件可以接收一个 URI 属性。所以,可以通过正确设置图片源属性的方式从相机渲染一张图片。

```
<Image source={this.state.photoSource} />
```

好了,现在可以看到包含图片的最终效果了,如图 6-5 所示。

图 6-5:从相机渲染一张图片

6.2.4　上传图片至服务器

如果想上传照片到其他地方该怎么办呢？React Native 的 XHR 模块包含了一个内置的图片上传功能。基础的使用方式如下所示：

```
let formdata = new FormData();
...
formdata.append('image', {...this.state.randomPhoto, name: 'image.jpg'});
...
xhr.send(formdata);
```

XHR 是 `XMLHttpRequest` 的缩写。React Native 基于 iOS 网络 API 实现了 XHR API。与定位 API 类似,React Native 的 XHR 也是基于 MDN 规范实现的。

相比于 Fetch API,使用 XHR 进行网络请求稍微有点复杂,但是基本用法就像例 6-7 这样。

例 6-7　通过 XHR 发送 POST 请求来上传照片的基本结构

```
let xhr = new XMLHttpRequest();
xhr.open('POST', 'http://posttestserver.com/post.php');
let formdata = new FormData();
formdata.append('image', {...this.state.photo, name: 'image.jpg'});
xhr.send(formdata);
```

这里省略了各种注册 XHR 请求的回调函数。

6.3　AsyncStore持久化数据存储

大多数的应用需要持续记录各式各样的数据。我们应该怎样在 React Native 中实现这个功能呢？

iOS 为我们提供了 AsyncStorage，一个应用于全局的键值对存储 API。如果你曾经使用过 Web 平台上的 LocalStorage，那么 AsyncStorage 应该会让你觉得非常熟悉。AsyncStorage，顾名思义，是一个异步的操作。这个 API 也相当简洁，是一个 React Native 默认自带的模块。下面我们来看看如何使用它。

AsyncStorage 使用的储存键可以是任意字符串，它通常使用这样的格式：@AppName:key。例如：

```
const STORAGE_KEY = '@SmarterWeather:zip';
```

AsyncStorage 模块在调用 getItem 和 setItem 方法之后都会返回一个 promise 对象。比如在 SmarterWeather 中，我们可以在 componentDidMount 方法中加载存储的邮编：

```
AsyncStorage.getItem(STORAGE_KEY)
  .then((value) => {
    if (value !== null) {
      this._getForecastForZip(value);
    }
  })
  .catch((error) => console.log('AsyncStorage error: ' + error.message))
  .done();
```

接着，在 _getForecastForZip 方法中，我们储存邮编：

```
AsyncStorage.setItem(STORAGE_KEY, zip)
  .then(() => console.log('Saved selection to disk: ' + zip))
  .catch((error) => console.log('AsyncStorage error: ' + error.message))
  .done();
```

AsyncStorage 同时也提供了删除键值、合并键值和获取所有可用键值等方法。

6.4 SmarterWeather应用

本章中所有的例子都可以在 smarter-weather/ 目录下找到。该应用在第 3 章的基础上加以修改，已经有了一些变化，因此我们再看一下整个应用的结构（见例 6-8）。

例 6-8　SmarterWeather 应用的项目内容

```
smarter-weather
├── Button
│   ├── index.js
│   └── style.js
├── Forecast
│   └── index.js
├── LocationButton
│   ├── index.js
│   └── style.js
├── PhotoBackdrop
│   ├── flowers.png
│   ├── index.js
│   ├── local_image.js
│   └── style.js
├── index.js
├── open_weather_map.js
├── styles
│   └── typography.js
└── weather_project.js
```

顶层组件位于 weather_project.js 中。共享字体样式位于 styles/typography.js 中。Forecast/、PhotoBackdrop/、Button/ 和 LocationButton/ 目录包含了智能天气应用中所有的 React 组件。

6.4.1 <WeatherProject>组件

顶层 <WeatherProject> 组件在 weather_project.js 文件里（见例 6-9）。这里包含了使用 AsyncStorage 模块储存最近搜索的位置信息的功能。

例 6-9　smarter-weather/weather_project.js

```
import React, { Component } from "react";
import {
  StyleSheet,
  Text,
  View,
  TextInput,
  AsyncStorage,
  Image
} from "react-native";

import Forecast from "./Forecast";
import LocationButton from "./LocationButton";
import textStyles from "./styles/typography.js";
```

```javascript
const STORAGE_KEY = "@SmarterWeather:zip";

import OpenWeatherMap from "./open_weather_map";

// 该版本使用flowers.png这个本地资源
import PhotoBackdrop from "./PhotoBackdrop/local_image";

// 该版本允许你选择一张照片
// import PhotoBackdrop from './PhotoBackdrop';

class WeatherProject extends Component {
  constructor(props) {
    super(props);
    this.state = { forecast: null };
  }

  componentDidMount() {
    AsyncStorage
      .getItem(STORAGE_KEY)
      .then(value => {
        if (value !== null) {
          this._getForecastForZip(value);
        }
      })
      .catch(error => console.error("AsyncStorage error: " + error.message))
      .done();
  }

  _getForecastForZip = zip => {
    // 存储邮编地址
    AsyncStorage
      .setItem(STORAGE_KEY, zip)
      .then(() => console.log("Saved selection to disk: " + zip))
      .catch(error => console.error("AsyncStorage error: " + error.message))
      .done();

    OpenWeatherMap.fetchZipForecast(zip).then(forecast => {
      this.setState({ forecast: forecast });
    });
  };

  _getForecastForCoords = (lat, lon) => {
    OpenWeatherMap.fetchLatLonForecast(lat, lon).then(forecast => {
      this.setState({ forecast: forecast });
    });
  };

  _handleTextChange = event => {
    let zip = event.nativeEvent.text;
    this._getForecastForZip(zip);
  };

  render() {
    let content = null;
    if (this.state.forecast !== null) {
```

```
      content = (
        <View style={styles.row}>
          <Forecast
            main={this.state.forecast.main}
            temp={this.state.forecast.temp}
          />
        </View>
      );
    }

    return (
      <PhotoBackdrop>
        <View style={styles.overlay}>
          <View style={styles.row}>
            <Text style={textStyles.mainText}>
              Forecast for
            </Text>

            <View style={styles.zipContainer}>
              <TextInput
                style={[textStyles.mainText, styles.zipCode]}
                onSubmitEditing={this._handleTextChange}
                underlineColorAndroid="transparent"
              />
            </View>
          </View>

          <View style={styles.row}>
            <LocationButton onGetCoords={this._getForecastForCoords} />
          </View>

          {content}

        </View>
      </PhotoBackdrop>
    );
  }
}

const styles = StyleSheet.create({
  overlay: { backgroundColor: "rgba(0,0,0,0.1)" },
  row: {
    flexDirection: "row",
    flexWrap: "nowrap",
    alignItems: "center",
    justifyContent: "center",
    padding: 24
  },
  zipContainer: {
    borderBottomColor: "#DDDDDD",
    borderBottomWidth: 1,
    marginLeft: 5,
    marginTop: 3,
    width: 80,
    height: textStyles.baseFontSize * 2,
```

```
      justifyContent: "flex-end"
  },
  zipCode: { flex: 1 }
});

export default WeatherProject;
```

它使用了 styles/typography.js 中的共享样式（见例 6-10）。

例 6-10　共享字体样式在 smarter-weather/styles/typography.js 中

```
import { StyleSheet } from "react-native";

const baseFontSize = 24;

const styles = StyleSheet.create({
  bigText: { fontSize: baseFontSize + 8, color: "#FFFFFF" },
  mainText: { fontSize: baseFontSize, color: "#FFFFFF" }
});

// 允许在其他地方使用
styles["baseFontSize"] = baseFontSize;

export default styles;
```

6.4.2　<Forecast>组件

<Forecast> 组件展示了包括温度在内的预报信息，被其上的 <WeatherProject> 组件使用。该组件的代码见于例 6-11。

例 6-11　<Forecast> 组件渲染关于预报的信息

```
import React, { Component } from "react";

import { Text, View, StyleSheet } from "react-native";

class Forecast extends Component {
  render() {
    return (
      <View style={styles.forecast}>
        <Text style=>
          {this.props.temp}°F
        </Text>
        <Text style=>
          {this.props.main}
        </Text>
      </View>
    );
  }
}

const styles = StyleSheet.create({ forecast: { alignItems: "center" } });

export default Forecast;
```

6.4.3 <Button>组件

<Button> 组件是一个可复用的容器样式组件。它提供了一个由 <TouchableHighlight> 包装的拥有合理样式的 <Text> 组件。组件的主要文件在例 6-12 中，关联的样式文件在例 6-13 中。

例 6-12　按钮组件提供一个拥有合理样式的、由 <TouchableHighlight> 包装的 <Text> 组件

```
import React, { Component } from "react";

import { Text, View, TouchableHighlight } from "react-native";

import styles from "./style";

class Button extends Component {
  render() {
    return (
      <TouchableHighlight onPress={this.props.onPress}>
        <View style={[styles.button, this.props.style]}>
          <Text>
            {this.props.label}
          </Text>
        </View>
      </TouchableHighlight>
    );
  }
}

export default Button;
```

例 6-13　按钮组件的样式

```
import { StyleSheet } from "react-native";

const styles = StyleSheet.create({
  button: { backgroundColor: "#FFDDFF", padding: 25, borderRadius: 5 }
});

export default styles;
```

6.4.4 <LocationButton>组件

当被点击时，<LocationButton> 获取用户的位置信息并触发一个回调。组件的主 JavaScript 文件在例 6-14 中，样式文件在例 6-15 中。

例 6-14　<LocationButton> 组件

```
import React, { Component } from "react";

import Button from "./../Button";
import styles from "./style.js";

const style = { backgroundColor: "#DDDDDD" };
```

```
class LocationButton extends Component {
  _onPress() {
    navigator.geolocation.getCurrentPosition(
      initialPosition => {
        this.props.onGetCoords(
          initialPosition.coords.latitude,
          initialPosition.coords.longitude
        );
      },
      error => {
        alert(error.message);
      },
      { enableHighAccuracy: true, timeout: 20000, maximumAge: 1000 }
    );
  }

  render() {
    return (
      <Button
        label="Use Current Location"
        style={style}
        onPress={this._onPress.bind(this)}
      />
    );
  }
}

export default LocationButton;
```

例 6-15 <LocationButton> 的样式

```
import { StyleSheet } from "react-native";

const styles = StyleSheet.create({
  locationButton: { width: 200, padding: 25, borderRadius: 5 }
});

export default styles;
```

6.4.5 <PhotoBackdrop>组件

为了说明选择背景图片的不同方法，这里提供了两种版本的 <PhotoBackdrop> 组件。第一个版本见于例 6-16，在 GitHub 仓库里对应 local_image.js 文件，它通过导入调用加载了标准的图片资源。第二个版本见于例 6-17，对应 GitHub 仓库的 camera_roll_example.js 文件，它允许用户从相册里选择图片。

例 6-16 最初版本的 local_image.js，使用一个简单的导入调用

```
import React, { Component } from "react";

import { Image } from "react-native";
```

```
import styles from "./style.js";

class PhotoBackdrop extends Component {
  render() {
    return (
      <Image
        style={styles.backdrop}
        source={require("./flowers.png")}
        resizeMode="cover"
      >
        {this.props.children}
      </Image>
    );
  }
}

export default PhotoBackdrop;
```

例 6-17　src/smarter-weather/PhotoBackdrop/index.js 使用代码从相册中选择一张图片

```
import React, { Component } from "react";

import { Image, CameraRoll } from "react-native";

import styles from "./style";

class PhotoBackdrop extends Component {
  constructor(props) {
    super(props);
    this.state = { photoSource: null };
  }

  componentDidMount() {
    CameraRoll.getPhotos({ first: 1 }).then(data => {
      this.setState({ photoSource: { uri: data.edges[3].node.image.uri } });
    }, error => {
      console.warn(error);
    });
  }

  render() {
    return (
      <Image
        style={styles.backdrop}
        source={this.state.photoSource}
        resizeMode="cover"
      >
        {this.props.children}
      </Image>
    );
  }
}

export default PhotoBackdrop;
```

这两个版本都共享了相同的样式，如例 6-18 所示。

例 6-18 两个版本的 `<PhotoBackdrop>` 都使用这个样式表

```
import { StyleSheet } from "react-native";

export default StyleSheet.create({
  backdrop: {
    flex: 1,
    flexDirection: "column",
    width: undefined,
    height: undefined
  },
  button: { flex: 1, margin: 100, alignItems: "center" }
});
```

6.5 小结

在本章中，我们对天气应用进行了一些修改，然后接触了地理定位、相机（CameraRoll）和持久化存储（AsyncStorage）API，最后学习了如何将这些 API 整合到应用中去。

如果 React Native 提供了宿主平台 API 的支持，那么使用起来就会得心应手。但是假如 React Native 不支持某个 API，比如视频回放的功能，这时你需要使用一个非 JavaScript 实现的类库或模块，那应该怎么做呢？下一章将详细介绍这种情况的解决方案。

第 7 章
模块和原生代码

这部分需要项目的原生代码

本节中的示例，仅适用于使用 `react-native-init` 创建的项目或使用 `create-react-native-app` "弹出" 的项目。要了解更多信息，请参见附录 C。

第 6 章介绍了一些如何与 React Native 封装的宿主平台 API 交互的知识。这些 API 已经集成到 React Native，因此使用起来非常方便。如果要使用一个 React Native 不支持的 API，应该怎么做呢？

本章将介绍如何通过 npm 安装由 React Native 社区编写的模块。同时，我们也要深入学习 `react-native-video` 的安装过程，以及 `RCTBridgeModule` 是如何允许用户为现有的 Objective-C API 添加 JavaScript API 的。最后，我们再来看如何导入纯 JavaScript 类库到你的工程中，以及如何管理依赖。

本章会涉及一些 Objective-C 和 Java 代码，不过别担心，我们会放慢脚步。完整的 iOS 和 Android 移动应用开发的介绍超出了本书的范围，但是我们也会一起学习一些例子。

7.1 使用npm安装JavaScript类库

在讨论原生模块工作原理之前，先来看外部依赖通常是怎样安装的。React Native 使用 npm 进行依赖管理。npm 虽然是一个 Node.js 的包管理器，但 npm 仓库囊括了所有 JavaScript 工程，而不仅仅是 Node 平台。npm 使用一个名为 package.json 的文件来储存包括一系列依赖在内的项目元数据。

我们从一个全新的项目开始：

```
react-native init Depends
```

创建一个新工程之后，你的 package.json 文件看起来如例 7-1 所示。

例 7-1　Depends/package.json

```
{
  "name": "Depends",
  "version": "0.0.1",
  "private": true,
  "scripts": {
    "start": "node node_modules/react-native/local-cli/cli.js start",
    "test": "jest"
  },
  "dependencies": {
    "react": "16.0.0-alpha.12",
    "react-native": "0.45.1"
  },
  "devDependencies": {
    "babel-jest": "20.0.3",
    "babel-preset-react-native": "2.0.0",
    "jest": "20.0.4",
    "react-test-renderer": "16.0.0-alpha.12"
  },
  "jest": {
    "preset": "react-native"
  }
}
```

目前为止，项目最顶层的依赖是 `react` 和 `react-native`。让我们添加其他的依赖。

lodash 库提供了一系列实用的工具函数，例如针对数组的 `shuffle` 函数。我们在安装时附带 `--save` 参数，它将会被添加到依赖列表中：

```
npm install --save lodash
```

现在，你的 package.json 文件被更新如下：

```
"dependencies": {
  "lodash": "^4.17.4",
  "react": "16.0.0-alpha.12",
  "react-native": "0.45.1"
}
```

如果想在 React Native 应用中使用 lodash，可以这样引入它：

```
import _ from "lodash";
```

现在，我们使用 lodash 来打印一个随机数：

```
import _ from "lodash";
console.warn("Random number: " + _.random(0, 5));
```

模块和原生代码　｜　101

成功输出了！但是其他模块是怎样的呢？我们可以通过 npm install 引入任何第三方包吗？

答案当然是"可以"，但有一些额外的说明。例如，任何涉及 DOM 操作的方法都会运行失败。和现有的第三方包集成可能需要一些技巧，因为大多数类库都假定了它们运行的环境。但一般而言你可以使用任何 JavaScript 包，也可以和其他 JavaScript 工程一样使用 npm 来管理项目依赖。

7.2 安装包含原生代码的第三方组件

既然已经学会了如何通过 npm 添加外部 JavaScript 类库，那么现在让我们通过 npm 安装一个 React Native 组件吧。在这一节中，我们主要演示如何使用 react-native-video。这个库是 GitHub 项目 react-native-community 中的一部分，集合了高质量的 React Native 模块。

react-native-video 组件储存在 npm 仓库（https://www.npmjs.com/package/react-native-video）中。我们可以通过 npm install 将其添加到项目里：

```
npm install react-native-video --save
```

如果是传统的 Web 开发，那么一切都已经完成了！react-native-video 已经可以在项目中使用了。然而，这个模块需要对底层的 iOS 和 Android 项目进行修改，所以还需要一个步骤：

```
react-native link
```

上述这条命令做了什么事情呢？它修改了底层的 iOS 和 Android 项目。对于 iOS，这可能意味着编辑 AppDelegate.m 和 Xcode 项目文件。对于 Android，这可能包括对 MainApplication.java、settings.gradle 和 build.gradle 的修改。通常模块会在安装指令中指明它的要求。

注意，react-native link 只会对使用 react-native init 生成的项目，或者 create-react-native-app 创建后迁移的应用起作用。附录 C 的"从 Expo 分离"会讨论如何将 create-react-native-app 项目迁移到完整的 React Native 项目。

如果你没有使用自动生成的应用，那么就需要根据模块作者提供的指令，手动更新项目的文件。

现在已经安装好了 react-native-video 模块，让我们来测试一下。这个步骤需要一个 MP4 视频文件。我使用了 Flickr（https://www.flickr.com/photos/michal_tuski/27831372885/）上面的一个公共视频。

在 React Native 中，MP4 静态资源的使用方式和图片一样，你可以像这样加载视频文件：

```
let warblerVideo = require("./warbler.mp4");
```

使用视频组件

我们可以在 JavaScript 代码中引入 <Video> 组件了：

```
import Video from "react-native-video"
```

然后你就可以像使用普通组件一样使用它了。这里我设置了一些可选的属性：

```
<Video source={require("./warbler.mp4")} // 可以是URL或本地文件
       rate={1.0}                         // 0表示暂停，1表示正常
       volume={1.0}                       // 0表示静音，1表示正常
       muted={false}                      // 是否完全静音
       paused={false}                     // 是否完全暂停播放
       resizeMode="cover"                 // 是否按高宽比覆盖整个屏幕
       repeat={true}                      // 是否自动循环播放
       style={styles.backgroundVideo} />
```

哇！我们添加了一个视频组件！这个组件应该可以同时在 Android 和 iOS 平台上使用。

如你所见，引入包含原生代码的第三方模块的过程很简单。在 npm 仓库里，还有大量这样的组件，它们通常都使用了 react-native- 前缀。你可以随便逛逛，看看社区都开放了哪些资源。

7.3 Objective-C原生模块

现在我们已经知道如何安装和使用包含原生代码的模块，下面让我们深入了解一下它在底层是如何工作的。我们从 Objective-C 方面开始介绍。

7.3.1 编写iOS的Objective-C原生模块

既然使用过了 react-native-video 组件，那么我们一起看看模块在底层究竟是怎样工作的吧。

react-native-video 是一个 React 引用原生模块的组件。React Native 文档是这样定义**原生模块**的："一个实现了 RCTBridgeModule 协议的 Objective-C 类。"（RCT 是 React 的缩写。）

编写 Objective-C 代码不是 React Native 标准开发流程的一部分，所以不用担心，这不是必要的知识！当然，如果有基础的代码阅读能力，可以看懂代码的话，会对你有很大的帮助，即便你还没有打算实现自己的原生模块。

如果你之前从未使用过 Objective-C，可能大多数的语法会让你感到困惑。没关系，慢慢来。首先我们开发一个基础的"Hello, World"模块。

Objective-C 类通常有一个以 .h 结尾的头文件，它包含了类的 API。但实际上我们在 .m 里实现功能。我们从编写 HelloWorld.h 文件开始，如例 7-2 所示。

例 7-2 HelloWorld.h

```
#import <React/RCTBridgeModule.h>

@interface HelloWorld : NSObject <RCTBridgeModule>
@end
```

这个文件有什么用处呢？在第一行，我们导入了 RCTBridgeModule 头文件（注意，# 符号**不**表示注释，而是导入语句的一部分）。下一行，我们接着定义了一个 HelloWorld 类，它继承自 NSObject 并实现了 RCTBridgeModule API，最后通过 @end 完成 API 的定义。

由于历史原因，许多 Objective-C 的类型都有 NS 前缀（NSString、NSObject 等）。

现在来看看具体的实现（见例 7-3）。

例 7-3 HelloWorld.m

```
#import "HelloWorld.h"
#import <React/RCTLog.h>

@implementation HelloWorld

RCT_EXPORT_MODULE();

RCT_EXPORT_METHOD(greeting:(NSString *)name)
{
  RCTLogInfo(@"Saluton, %@", name);
}

@end
```

在一个 .m 文件里，你需要导入相应的 .h 文件，像第一行这样。我还导入了 RCTLog.h，这样我们就可以使用 RCTLogInfo 输出日志到控制台。在导入其他 Objective-C 类时，我们总是导入头文件，而不是 .m 文件。

@implementation 和 @end 这两行表明在它们之间的内容是 HelloWorld 类的具体实现。

剩下的几行是 React Native 模块主要功能的实现代码。通过 RCT_EXPORT_MODULE()，我们调用了一个特殊的 React Native 宏，由此可以访问 React Native 的桥接。同样，我们的 greeting:name 的方法定义也以一个宏开头，它导出了 RCT_EXPORT_METHOD 这一方法，因此我们可以在 JavaScript 代码中使用它。

需要注意的是，这里 Objective-C 方法的命名有一点奇怪。每一个参数名称都是被包含在方法名称里的。这是 React Native 的约定，JavaScript 函数名称是 Objective-C 名称从开始到第一个冒号为止的部分，因此 greeting:name 就成了 JavaScript 里的 greeting。如果你愿意，可以使用 RCT_REMAP_METHOD 宏重新制定命名规则。

现在，你可能会注意到，Xcode 项目中还没有这些文件（见图 7-1）。

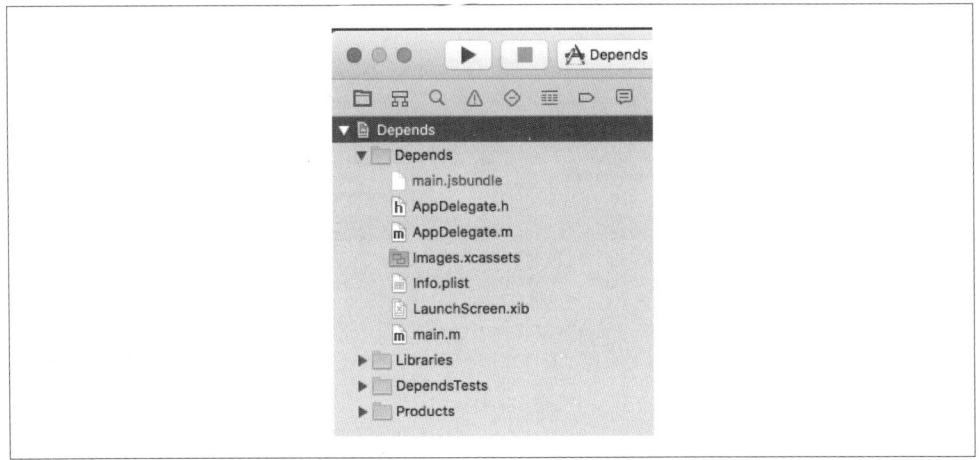

图 7-1：导入新文件之前的 Xcode 项目

我们需要将文件添加到项目中，以便将文件包含在应用的构建中。你可以通过在菜单中选择 File → Add Files to "Depends" 来完成这一点（见图 7-2）。

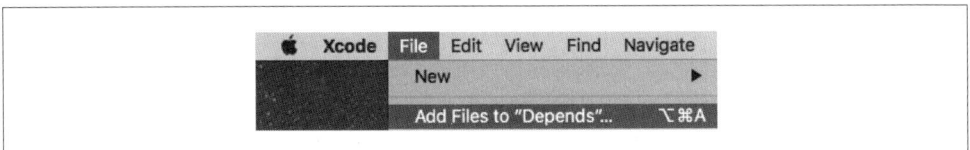

图 7-2：在 Xcode 中添加文件的菜单选项

同时选择 HelloWorld.m 和 HelloWorld.h，然后添加到项目中（见图 7-3）。

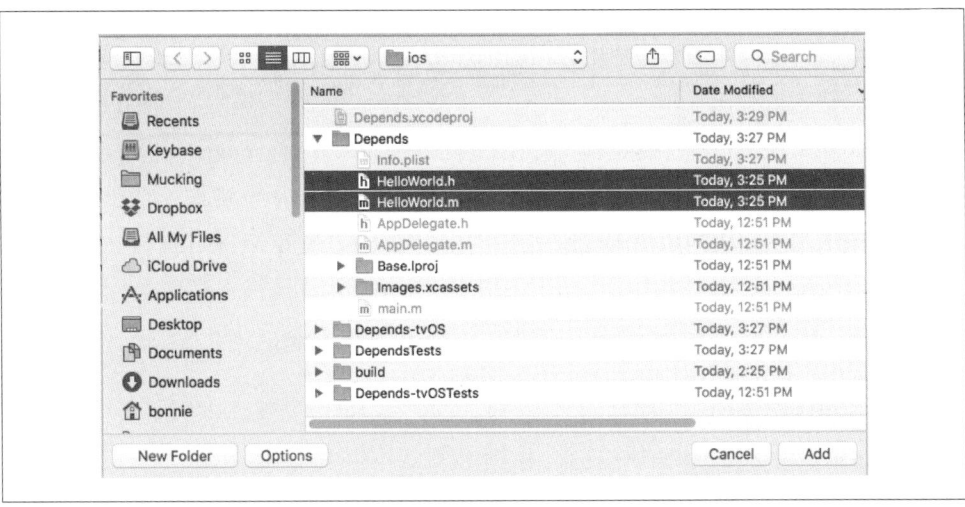

图 7-3：导入 HelloWorld.m 和 HelloWorld.h 到项目中

模块和原生代码 | 105

现在，你应该能够在 Xcode 项目中看到这两个文件了（见图 7-4）。

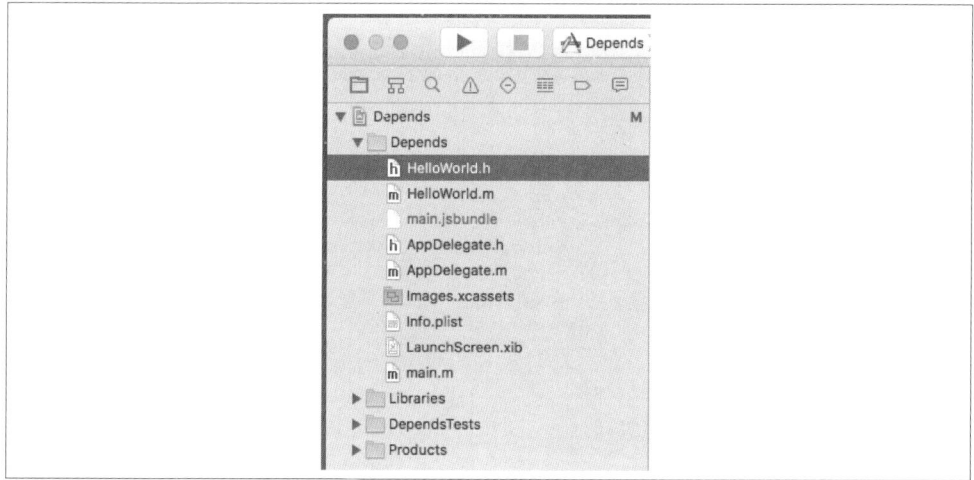

图 7-4：更新后的 Xcode 项目文件树

导入 HelloWorld 的文件之后，我们就可以在 JavaScript 文件里使用这个模块了（见例 7-4）。

例 7-4　在 JavaScript 代码里使用 HelloWorld 模块

```
import { NativeModules } from "react-native";
NativeModules.HelloWorld.greeting("Bonnie");
```

输出的内容应该会出现在控制台里（见图 7-5），你可以同时在 Xcode 和 Chrome 开发者工具里看到输出内容，如果同时启用了它们的话。

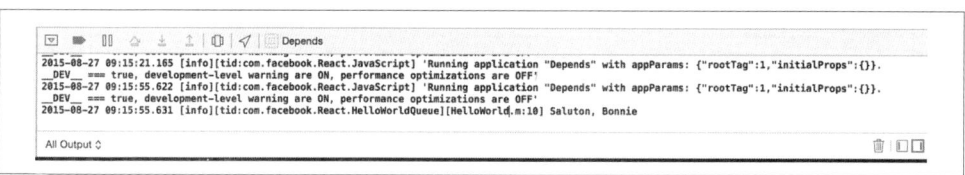

图 7-5：控制台输出，通过 Xcode 界面查看

可以看到导入原生模块的语法有点冗长。一个常用的办法是用 JavaScript 封装原生模块（见例 7-5）。

例 7-5　HelloWorld.js——用 JavaScript 封装 HelloWorld 原生模块

```
import { NativeModules } from "react-native";
export default NativeModules.HelloWorld;
```

于是，导入过程变得更加直观了：

```
import HelloWorld from "./HelloWorld";
```

HelloWorld.js 这个 JavaScript 文件也是一个添加 JavaScript 代码到你的模块中的好方法。

哇，Objective-C 让人感觉有些冗长，并且我们需要操作几个不同的文件。不过要祝贺你，你已经用 Objective-C 编写了一个"Hello, World"模块啦！

回顾一下，使一个 Objective-C 模块生效，需要遵守以下几条规则：

- 导入 `RCTBridgeModule` 头文件；
- 声明模块并实现 `RCTBridgeModule` 协议；
- 调用 `RCT_EXPORT_MODULE()` 宏；
- 使用 `RCT_EXPORT_METHOD` 宏导出至少一个方法。

然后原生模块就可以使用 iOS SDK 提供的任何 API 了（注意，你为 React Native 提供的 API **必须**是异步的）。Apple 公司提供了 iOS SDK 的扩展文档，同时还有大量的第三方资源可以使用。值得一提的是，你的开发者账号现在就会派上用场，通常没有开发者账号就很难访问 SDK 文档。

既然我们已经编写了自己的基础"Hello, World"模块，那么下一步将深入介绍 react-native-video 是如何工作的。

7.3.2 探索 react-native-video iOS 版本

正如 `HelloWorld` 模块一样，`RCTVideo` 也是一个原生的模块，并且它实现了 `RCTBridge-Module` 协议。你可以在 GitHub 仓库看到 `RCTVideo` 完整的代码（https://github.com/react-native-community/react-native-video），我们使用的是 1.0.0 版本。

`react-native-video` 是一个由 iOS SDK 提供的 `AVPlayer` API 的基础封装。我们再具体看看它是如何工作的，从 Video.ios.js 这个 JavaScript 入口文件开始。

我们会发现它为原生组件提供了一个很薄的封装层，`RCTVideo` 执行一些属性的规范化检查，还有一些额外的渲染逻辑。原生组件在末尾被导入：

```
const RCTVideo = requireNativeComponent('RCTVideo', Video, {
  nativeOnly: {
    src: true,
    seek: true,
    fullscreen: true,
  },
});
```

正如在 `HelloWorld` 例子中看到的一样，这里意味着 `RCTVideo` 组件一定在 Objective-C 的某处被导出了。我们看看 ios/RCTVideo.h（https://github.com/react-native-community/react-native-video/blob/1.0.0/ios/RCTVideo.h）：

```
// RCTVideo.h
#import <React/RCTView.h>
#import <AVFoundation/AVFoundation.h>
#import "AVKit/AVKit.h"
#import "UIView+FindUIViewController.h"
#import "RCTVideoPlayerViewController.h"
#import "RCTVideoPlayerViewControllerDelegate.h"

@class RCTEventDispatcher;

@interface RCTVideo : UIView <RCTVideoPlayerViewControllerDelegate>

@property (nonatomic, copy) RCTBubblingEventBlock onVideoLoadStart;
// ……此处忽略余下的属性……

- (instancetype)initWithEventDispatcher:
    (RCTEventDispatcher *)eventDispatcher NS_DESIGNATED_INITIALIZER;

- (AVPlayerViewController*)createPlayerViewController:
    (AVPlayer*)player withPlayerItem:(AVPlayerItem*)playerItem;

@end
```

这一次，它没有继承自 NSObject，而是继承了 UIView。这很容易理解，因为它渲染了一个视图组件。

如果再来看实现的文件 RCTVideo.m（https://github.com/react-native-community/react-native-video/blob/1.0.0/ios/RCTVideo.m），会发现这里有**很多**代码。在实例变量的顶部，记录了音量、播放速率和 AVPlayer 自身等信息：

```
- (AVPlayerViewController*)
      createPlayerViewController:(AVPlayer*)player
      withPlayerItem:(AVPlayerItem*)playerItem
{
    RCTVideoPlayerViewController* playerLayer =
      [[RCTVideoPlayerViewController alloc] init];
    playerLayer.showsPlaybackControls = NO;
    playerLayer.rctDelegate = self;
    playerLayer.view.frame = self.bounds;
    playerLayer.player = _player;
    playerLayer.view.frame = self.bounds;
    return playerLayer;
}
```

代码里还有一些方法，比如计算视频的长度、加载视频和设置源及更多的功能。不妨看一下这些方法，了解它们起了什么作用。

另一个让人困惑的是 RCTVideoManager。为了创建一个原生 UI 组件而不仅仅是一个模块，我们需要一个视图管理器。正如它的名称所表示的，当视图在处理一些渲染逻辑和类似的任务时，视图管理器就会处理其他的逻辑（事件处理、属性导出等）。视图管理器类至少需要：

- 继承 RCTViewManager 类；
- 使用 RCT_EXPORT_MODULE() 宏；
- 实现 -(UIView *)view 方法。

view 方法需要返回一个 UIView 实例。这里我们发现它被实例化并返回了一个 RCTVideo：

```
- (UIView *)view
{
  return [[RCTVideo alloc]
    initWithEventDispatcher:self.bridge.eventDispatcher];
}
```

RCTVideoManager 也导出了一些属性和常量：

```
#import "RCTVideoManager.h"
#import "RCTVideo.h"
#import <React/RCTBridge.h>
#import <AVFoundation/AVFoundation.h>

@implementation RCTVideoManager

RCT_EXPORT_MODULE();

@synthesize bridge = _bridge;

- (UIView *)view
{
  return [[RCTVideo alloc]
    initWithEventDispatcher:self.bridge.eventDispatcher];
}

- (dispatch_queue_t)methodQueue
{
    return dispatch_get_main_queue();
}

RCT_EXPORT_VIEW_PROPERTY(src, NSDictionary);
RCT_EXPORT_VIEW_PROPERTY(resizeMode, NSString);
RCT_EXPORT_VIEW_PROPERTY(repeat, BOOL);
RCT_EXPORT_VIEW_PROPERTY(paused, BOOL);
RCT_EXPORT_VIEW_PROPERTY(muted, BOOL);
RCT_EXPORT_VIEW_PROPERTY(controls, BOOL);
RCT_EXPORT_VIEW_PROPERTY(volume, float);
RCT_EXPORT_VIEW_PROPERTY(playInBackground, BOOL);
RCT_EXPORT_VIEW_PROPERTY(playWhenInactive, BOOL);
RCT_EXPORT_VIEW_PROPERTY(rate, float);
/* ……此处忽略余下的 RCT_EXPORT_VIEW_PROPERTY 调用…… */

- (NSDictionary *)constantsToExport
{
  return @{
    @"ScaleNone": AVLayerVideoGravityResizeAspect,
    @"ScaleToFill": AVLayerVideoGravityResize,
```

```
        @"ScaleAspectFit": AVLayerVideoGravityResizeAspect,
        @"ScaleAspectFill": AVLayerVideoGravityResizeAspectFill
    };
}

@end
```

RCTVideo 和 RCTVideoManager 共同由 RCTVideo 原生 UI 组件组成，我们可以在应用内随意使用它。正如你所看到的，利用 iOS SDK 编写原生模块需要花费一些工夫，但也不是不可驾驭的。你之前的 iOS 开发经验会对你有很大的帮助。iOS 开发完整的介绍目前超出了本书的范围，但即使你没有 Objective-C 的经验，通过查看别人的原生模块，你也应该能开始尝试编写自己的原生模块了。

7.4　Java原生模块

Android 原生模块与 iOS 原生模块非常类似。你可以在官方文档中找到更多关于 Android 原生模块的相关信息（https://facebook.github.io/react-native/docs/native-modules-android.html）。

和 iOS 一样，如果你为 Android 安装了一个包含原生代码的模块，那么在将模块添加到应用的 package.json 文件之后，你需要运行 `react-native link`。

7.4.1　编写Android的Java原生模块

为了更好地了解 Java 原生模块的工作原理，我们将自己动手编写一个。就像 Objective-C 中那样，我们从简单的"Hello, World"模块开始。

我们先要为 HelloWorld 包创建一个目录。这个包应该和 MainActivity.java 放在同一目录。Android 项目有相当深的嵌套结构！注意，目录结构在不同版本的 Android 和 React Native 中可能会有所区别。这里的关键点是，新的目录需要和 MainActivity.java 放在同一个目录中。

```
mkdir android/app/src/main/java/com/depends/helloworld
```

现在创建一个 HelloWorldModule.java 文件，如例 7-6 所示。

例 7-6　helloworld/HelloWorldModule.java

```java
package com.depends.helloworld;

import android.util.Log;
import com.facebook.react.bridge.ReactContextBaseJavaModule;
import com.facebook.react.bridge.ReactApplicationContext;
import com.facebook.react.bridge.ReactMethod;

public class HelloWorldModule extends ReactContextBaseJavaModule {
    public HelloWorldModule(ReactApplicationContext reactContext) {
```

```
    super(reactContext);
  }

  @Override
  public String getName() {
    return "HelloWorld";
  }

  @ReactMethod
  public void greeting(String message) {
    Log.e("HelloWorldModule", "Saluton, " + message);
  }
}
```

这里包含的模板代码相当多。让我们一步步来学习。

首先，从 package 语句开始：

```
package com.depends.helloworld;
```

这是基于文件在目录中的位置而定的。

接着导入 React Native 特定的文件以及 android.util.Log。任何编写的模块都需要导入相同的 React Native 文件。

然后定义一个 HelloWorldModule 类。它是公开的，这意味着外部文件可以使用它。而且，它继承了 ReactContextBaseJavaModule，从而也继承了 ReactContextBaseJavaModule 中的方法：

```
public class HelloWorldModule extends ReactContextBaseJavaModule { ... }
```

这里实现了 3 个方法：HelloWorldModule、getName 和 greeting。

在 Java 中，与类名名称相同的方法称作**构造方法**。因此，HelloWorldModule 方法有点像模板，我们只需调用 super(reactContext) 方法就可以调用 ReactContextBaseJavaModule 的构造方法，不需要额外的工作。

getName 决定了今后我们将在 JavaScript 里使用什么名称来调用这个模块，因此需要确保它是正确的！在我们的例子中，模块命名为 HelloWorld。注意，这里我们添加了一个 @Override 注解。无论编写什么模块，你都需要实现 getName 方法。

最后，greeting 是我们自己的方法，我们希望能在 JavaScript 代码中调用它。我们添加了一个 @ReactMethod 注解，为了让 React Native 知道这个方法应该被导出。为了在调用 greeting 方法时添加日志，我们调用了 Log.i，操作如下：

```
Log.i("HelloWorldModule", "Hello, " + name);
```

Android 中的 Log 对象提供了不同层级的日志功能，其中 3 个最常用的功能是消息（INFO）、警告（WARN）和错误（ERROR），它们各自通过 Log.i、Log.w 和 Log.e 方法来调用。每个方法都接收两个参数，一个是日志的标签名，另一个是日志信息。标准的做法是使用类名作为标签名。你可以通过 Android 文档查看更多细节。

我们还需要创建一个包文件来包装这个模块（见例 7-7），这样我们可以将它加入构建过程中。该文件也应该与 HelloWorldModule.java 文件处于同级目录下。

例 7-7　helloworld/HelloWorldPackage.java

```java
package com.depends.helloworld;

import com.facebook.react.ReactPackage;
import com.facebook.react.bridge.JavaScriptModule;
import com.facebook.react.bridge.NativeModule;
import com.facebook.react.bridge.ReactApplicationContext;
import com.facebook.react.uimanager.ViewManager;

import java.util.ArrayList;
import java.util.Collections;
import java.util.List;

public class HelloWorldPackage implements ReactPackage {
  @Override
  public List<NativeModule>
    createNativeModules(ReactApplicationContext reactContext) {
    List<NativeModule> modules = new ArrayList<>();
    modules.add(new HelloWorldModule(reactContext));
    return modules;
  }

  @Override public List<ViewManager>
    createViewManagers(ReactApplicationContext reactContext) {
    return Collections.emptyList();
  }
}
```

这个文件基本上就是一个模板。我们不需要导入 HelloWorld，因为它们在同一个包下（com.depends.helloworld）。这里有两个方法需要注意：createNativeModules 和 createViewManagers。React Native 使用这些方法来决定需要导出哪些模块。

我们的原生模块不需要处理原生视图或者 UI 元素，因此 createViewManagers 会返回一个空列表，而 createNativeModules 则返回一个包含 HelloWorld 实例的列表。

最后，我们需要在 MainActivity.java 里添加包。导入包文件：

```
import com.depends.helloworld.HelloWorldPackage;
```

接着添加 HelloWorldPackage 到 getPackages() 中：

```
protected List<ReactPackage> getPackages() {
  return Arrays.<ReactPackage>asList(
      new MainReactPackage(),
      new ReactVideoPackage(),
      new HelloWorldPackage()
  );
}
```

就像 Objective-C 模块一样，我们也是通过 React.NativeModules 对象引入 Java 模块的。现在，我们可以在应用的任何地方调用 greeting() 方法，就像这样：

```
import { NativeModules } from "react-native";
NativeModules.HelloWorld.greeting("Bonnie");
```

让我们过滤日志来查看信息。在项目的根目录下运行命令：

adb logcat

要看到日志信息的输出，你需要重启应用。

react-native run-android

图 7-6 是终端中看到的输出内容。

```
10-11 14:01:45.081  2335  2369 I HelloWorld: Hello, Bonnie
10-11 14:01:45.081  2335  2369 I HelloWorld: Hello, Bonnie
```

图 7-6：logcat 的输出内容

既然已经使用 Java 编写了一个 "Hello, World" 模块，那我们再看看 react-native-video 的 Android 版本实现。

7.4.2　探索 react-native-video Java 版本

Android 版本的 react-native-video 围绕 MediaPlayer API 进行了包装。它主要由 3 个文件组成：

- ReactVideoView.java
- ReactVideoPackage.java
- ReactVideoViewManager.java

ReactVideoPackage.java 文件内容如例 7-8 所示，看起来和 HelloWorldPackage.java 文件非常相似。

例 7-8　ReactVideoPackage.java

```java
package com.brentvatne.react;

import android.app.Activity;
import com.facebook.react.ReactPackage;
import com.facebook.react.bridge.JavaScriptModule;
import com.facebook.react.bridge.NativeModule;
import com.facebook.react.bridge.ReactApplicationContext;
import com.facebook.react.uimanager.ViewManager;

import java.util.Arrays;
import java.util.Collections;
import java.util.List;

public class ReactVideoPackage implements ReactPackage {

    @Override
    public List<NativeModule> createNativeModules(
      ReactApplicationContext reactContext) {
        return Collections.emptyList();
    }

    @Override
    public List<ViewManager> createViewManagers(
      ReactApplicationContext reactContext
    ) {
        return Arrays.<ViewManager>asList(
          new ReactVideoViewManager()
        );
    }
}
```

主要的区别是，ReactVideoPackage 会从 createViewManagers 返回 ReactVideoViewManager，而 HelloWorldPackage 会从 createNativeModules 返回 HelloWorld。区别在哪里呢？

对 Android 来说，任何原生渲染的视图都是由 ViewManager（或者更具体地说，是扩展了 ViewManager 的类）来创建与控制的。因为 ReactVideoView 是一个 UI 组件，所以我们需要返回 ViewManager。在 React Native 的文档中，有关于 Android 原生 UI 组件的信息，其中介绍了暴露原生模块（例如，非渲染的 Java 代码）和 UI 组件之间的差异。

接下来我们看看 ReactVideoViewManager.java。这个文件比较长，你可以在 react-native-video 项目的 GitHub 仓库中看到完整的代码（https://github.com/react-native-community/react-native-video/blob/1.0.0/android/src/main/java/com/brentvatne/react/ReactVideoViewManager.java）。例 7-9 展示了一个缩写的版本。

例 7-9　缩写的 ReactVideoViewManager.java

```java
public class ReactVideoViewManager
  extends SimpleViewManager<ReactVideoView> {

    public static final String REACT_CLASS = "RCTVideo";
```

```java
        public static final String PROP_VOLUME = "volume";
        public static final String PROP_SEEK = "seek";
        /** ……省略部分属性…… **/

        @Override
        public String getName() {
            return REACT_CLASS;
        }

        @Override
        protected ReactVideoView createViewInstance(
          ThemedReactContext themedReactContext
        ) {
            return new ReactVideoView(themedReactContext);
        }

        @Override
        public void onDropViewInstance(ReactVideoView view) {
            super.onDropViewInstance(view);
            view.cleanupMediaPlayerResources();
        }

        /** ……省略部分方法…… **/

        @ReactProp(name = PROP_VOLUME, defaultFloat = 1.0f)
        public void setVolume(
          final ReactVideoView videoView,
          final float volume
        ) {
            videoView.setVolumeModifier(volume);
        }

        @ReactProp(name = PROP_SEEK)
        public void setSeek(
          final ReactVideoView videoView,
          final float seek
        ) {
            videoView.seekTo(Math.round(seek * 1000.0f));
        }
    }
```

这里有几点是需要我们注意的。

首先是 getName 的实现。要注意的是，正如 HelloWorld 示例那样，我们需要实现 getName 方法，以便在 JavaScript 代码中可以引用这个组件。

接下来是 setVolume 方法以及 @ReactProp 装饰符的使用。在这里，我们声明了 <Video> 组件会接收一个名为 volume 的属性（用于设置 PROP_VOLUME 的值），并且在属性发生变化时，setVolume 方法会被调用。在 setVolume 中，我们检查了底层视图是否存在。如果存在的话，我们就传递音量用于更新。在 ReactVideoViewManager 中，有许多方法的实现都遵循了这种模式。

最后，在 createViewInstance 中，ReactVideoViewManager 实际上会使用正确的上下文来创建视图。

你可能会认为，为了有效地编写原生 Android 组件，一般需要理解 Android 是如何处理视图的。不过去看看其他的 React Native 组件的实现方式，也不失为一种好办法。

7.5 跨平台原生模块

编写一个跨平台原生模块是可能的吗？

答案当然是"可能"。你只需要分别为每一个平台都实现一个模块，然后对外提供统一的 JavaScript API 即可。这个方法可以在代码复用最大化的前提下很好地解决特定平台的优化问题。

创建一个跨平台原生组件不需要太多额外的配置。一旦分别实现了 iOS 和 Android 版本，就只需要创建一个包含 index.ios.js 和 index.android.js 文件的目录即可。每一个版本都需要导入正确的模块。然后你就可以直接引入这个目录，React Native 会自动选择平台对应的版本。

React Native 不强制在 iOS 和 Android 版本之间保持 API 的一致性，因此这是你需要考虑的事情。如果你希望 iOS 和 Android 版本在 API 上有一些细微的区别，当然也是可以的。

7.6 小结

何时适合使用原生的 Objective-C 或 Java 代码？何时适合引入第三方模块或类库？总体而言，原生模块有 3 个使用场景：利用现有的 Objective-C 或 Java 代码；编写像图形处理这样高性能或多线程的代码；暴露 React Native 中未支持的 API。

对于现有的 Objective-C 或 Java 项目来说，编写原生模块是一个在 React Native 中复用现有代码的很好的做法。混合型应用有些超出本书范围，但它确实是一种切实可行的办法，并且你可以使用原生模块在 JavaScript、Objective-C 和 Java 中共享功能代码。

类似地，对于一些注重性能或执行特定任务的场景来说，使用对应平台的原生语言进行开发是明智的做法。在这些场景下，让 Objective-C 或 Java 执行一些繁重的"体力活"，然后把结果传回给 JavaScript 应用的做法更加切实可行。

最终，你难免会遇到需要使用但 React Native 尚未支持的平台 API。这种情况下，你有两种解决方案：一种是转向社区，寻找是否有人已经解决了你的问题；另一种则是自己来解决，顺利解决了之后还可以把方案贡献给社区！能够自己编写原生模块，意味着你不需要依赖 React Native 核心团队就可以利用宿主平台了。

即使你之前没有原生 iOS 或 Android 的开发经验，如果你计划使用 React Native 进行开发，尝试阅读 Objective-C 或 Java 代码是一个不错的主意。自己动手尝试并解决问题的能力是无价的，日后在使用 React Native 时万一遇到困难也不会手足无措。不用担心，去试试吧！

当你开发自己的 React Native 应用时，React Native 社区以及 JavaScript 完善的生态环境会给你提供宝贵的资源。你可以在别人的模块的基础上进行开发，如果需要帮助的话，不妨联系他们吧！

第 8 章
平台特定代码

在第 7 章中,我们研究了如何使用 Java 和 Objective-C 单独实现原生模块的编写。这样会引发一些问题:所有的 React Native 组件都包括在 iOS 和 Android 上的实现吗?它们有义务这样做吗?如何在自己的代码中处理特定平台的实现?

不是所有的组件都在全平台可用,也不是所有的交互模式都适用于全部的设备。但这不意味着你不能在应用中使用平台特定的代码。在本章中,我们会介绍平台特定的接口与实现,以及如何将平台特定的组件合并到跨平台应用中的策略。

在 React Native 中,编写跨平台代码并不是一件非黑即白的事情。你可以将跨平台代码和平台特定的代码混合在应用中,本章正打算这么做。

8.1 仅iOS/仅Android可用的组件

某些组件只能在特定平台可用,其中包括 `<TabBarIOS>` 或者 `<ToolbarAndroid>`。因为包含某种特定平台的底层 API,所以它们是特定于平台使用的。例如,`<ToolbarAndroid>` 组件暴露了一个 Android 特定的 API,这种视图类型在 iOS 上是不存在的。

平台特定的组件会以适当的后缀命名:要么是 IOS,要么是 Android。如果你试图在错误的平台上进行引入,那么应用就会崩溃。组件还可以具有平台特定的属性。在文档中,这些属性会通过一个小徽章标记出来,用来表示它们的用法。例如,`<TextInput>` 组件的属性有一些是平台无关的,而另一些则是 iOS 或者 Android 特定的(见图 8-1)。

> **ios maxLength** number
>
> Limits the maximum number of characters that can be entered. Use this instead of implementing the logic in JS to avoid flicker.
>
> **android numberOfLines** number
>
> Sets the number of lines for a TextInput. Use it with multiline set to true to be able to fill the lines.

图 8-1：<TextInput> 包含了 Android 和 iOS 专用的属性

8.2 平台特定组件的实现

那么，在跨平台应用中，如何处理平台特定的组件或者属性呢？好消息是，你可以继续使用这些组件。将它们包含在具有平台特定实现的组件里，你就可以为应用在相应的平台上渲染适当的内容。

平台特定的**组件**只能在特定平台上工作。例如，<ToolbarAndroid> 就只能在 Android 上使用。带有平台特定**实现**的组件，则可能是支持跨平台工作的，但是在不同的平台上可能有不同的实现和行为。

一种很常见的做法是，父组件"封装"特定于平台的行为，并提供统一的 API。对于诸如导航 UI 之类的元素，这是非常有意义的，因为 iOS 和 Android 平台上的交互模式区别很大。

在本节中，我们将讨论如何在组件中实现平台特定的行为。

8.2.1 使用平台特定的文件扩展名

还记得 React Native 应用是如何同时使用 index.ios.js 和 index.android.js 文件进行初始化的吗？这个命名约定可以适用于任何文件，用来创建在 Android 和 iOS 上有着不同实现的组件。

例 8-1 中演示了一个显示弹出消息的简单组件的 Android 版本实现。

例 8-1　Newsflash.android.js

```
import React from "react";
import { StyleSheet, Text, View, Alert } from "react-native";

export default class App extends React.Component {
  componentDidMount() {
    Alert.alert("Hey!", "You're on Android.");
```

```
    }
    render() {
      return (
        <View style={styles.container}>
          <Text>
            What? I didn't say anything.
          </Text>
        </View>
      );
    }
  }

  const styles = StyleSheet.create({
    container: {
      flex: 1,
      backgroundColor: "#fff",
      alignItems: "center",
      justifyContent: "center"
    }
  });
```

例 8-2 则是该组件的 iOS 版本实现。

例 8-2 Newsflash.ios.js

```
  import React from "react";
  import { StyleSheet, Text, View, Alert } from "react-native";

  export default class App extends React.Component {
    componentDidMount() {
      Alert.alert("Hey!", "You're on iOS.");
    }

    render() {
      return (
        <View style={styles.container}>
          <Text>
            What? I didn't say anything.
          </Text>
        </View>
      );
    }
  }

  const styles = StyleSheet.create({
    container: {
      flex: 1,
      backgroundColor: "#fff",
      alignItems: "center",
      justifyContent: "center"
    }
  });
```

例 8-2 看起来和例 8-1 几乎是相同的,并且它们也实现了相同的 API。这些文件需要位于同一个目录中。

要导入这个组件,我们可以这样做:

```
import Newsflash from "./Newsflash";
```

要注意这里我们省略了文件扩展名。React Native 打包器会根据匹配的平台查找合适的文件扩展名。在 iOS 中,它会加载 Newsflash.ios.js(见图 8-2),而在 Android 中则会加载 Newsflash.android.js。

这样,我们就拥有了一个跨平台的组件。它同时兼容 iOS 和 Android,但是会根据不同的平台渲染不同的内容。

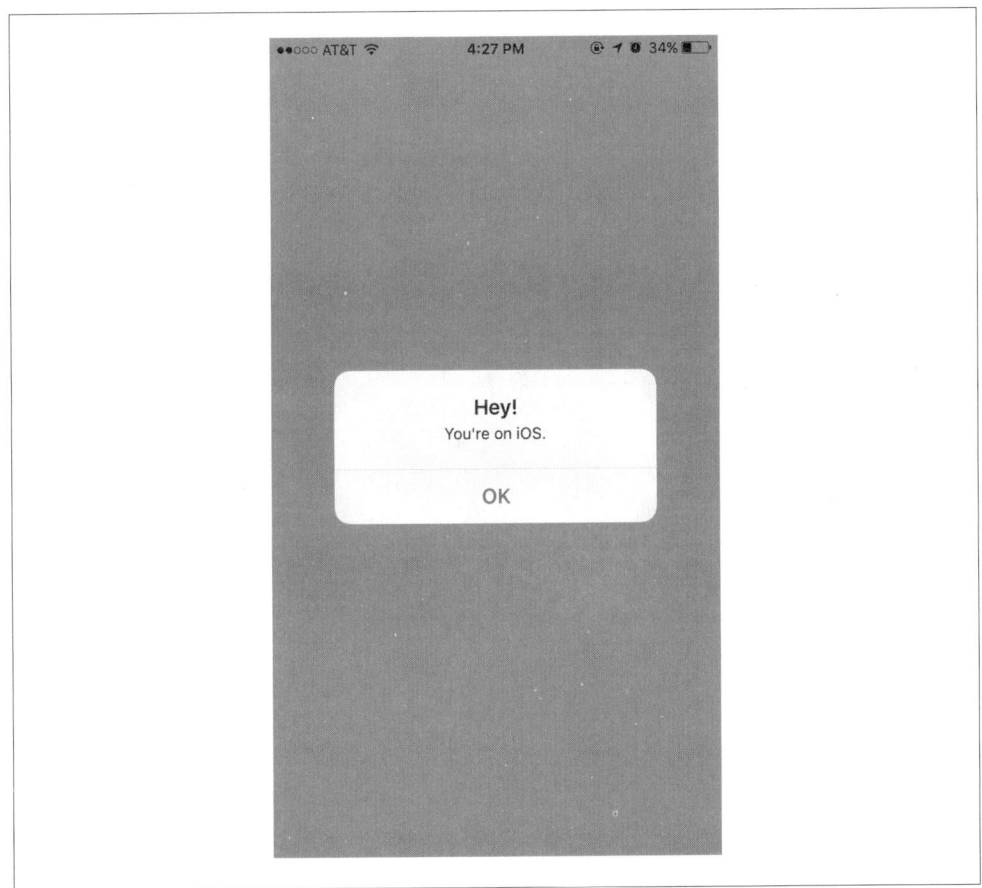

图 8-2:iOS 上的 Newsflash 组件

8.2.2　使用平台模块

编写平台特定代码的另一种选择是使用 Platform 模块。这个 API 提供了应用正在运行的操作系统和版本相关信息。

```
import { Platform } from "react-native";

console.log("What OS am I using?");
console.log(Platform.OS);

console.log("What version of the OS?");
console.log(Platform.Version); // 例如，Android Nougat系统的版本号是25
```

如果你希望根据平台调整一些元素，但是又不想编写完全独立的组件实现，那么 Platform API 就会很有用。一种常见的用途就是样式表，例如，你需要在不同平台上显示不同的颜色方案。

```
import { Platform, StyleSheet } from "react-native";

const styles = StyleSheet.create({
  color: (Platform.OS === "ios") ? "#FF6666" : "#DD4444",
});
```

8.3　何时使用平台特定组件

何时适合使用平台特定组件呢？在大多数情况下，当你希望应用遵循平台特定的交互模式时，你可以考虑使用它。如果你想让应用拥有真正"原生"的体验，那么就值得关注平台特定的 UI 规范。

Apple 和 Google 公司都为它们的平台提供了人机界面指南，以下资料值得参考：

- iOS 人机接口指南（https://developer.apple.com/design/human-interface-guidelines/ios/overview/themes/）
- Android 设计参考（https://developer.android.com/design/）

通过只创建特定组件的平台特定版本，你就可以在代码重用和基于平台的定制之间取得平衡。在大多数情况下，要同时支持 iOS 和 Android，你只需要对少量组件进行单独实现即可。

第 9 章 调试与开发者工具

当你开发自己的应用时,可能会遇到一些问题。当需要调试应用的时候,我们庆幸地发现已经有一些 React Native 的专用工具了,它们可以帮助我们更轻松地完成工作。React Native 和宿主平台的交互层可能会出现一些糟糕的 bug,本章也会介绍这部分内容。我们还将了解 React Native 开发中一些常见的陷阱,以及一些用来解决这些问题的工具。不涉及测试内容的调试讲解都是不完整的,因此我们也会介绍一些 React Native 代码自动化测试的内容。

9.1 JavaScript调试实践和解释

当使用 Web 平台上的 React 时,我们拥有大量基于 JavaScript 的通用的技术和工具来帮助我们调试应用。它们中的大多数也适用于 React Native,但有时需要一些微小的改动。React Native 允许我们使用熟悉的控制台、调试器和 React 开发者工具,因此调试 React Native 中的 JavaScript 问题应该会让你感觉很熟悉。

9.1.1 激活开发者选项

为了使用这些工具,你需要在应用内的开发者菜单中启用 Chrome 开发者工具(见图9-1)。你可以通过摇晃设备来触发这个菜单。在 iOS 模拟器中,可以通过快捷键 Command+D 来触发;在 Android 模拟器中,可以通过 Command+M(Mac 平台)或者 Control+M(Windows 平台)来触发。你可以在菜单中选择 Debug in Chrome 来启动 Chrome 开发者工具。

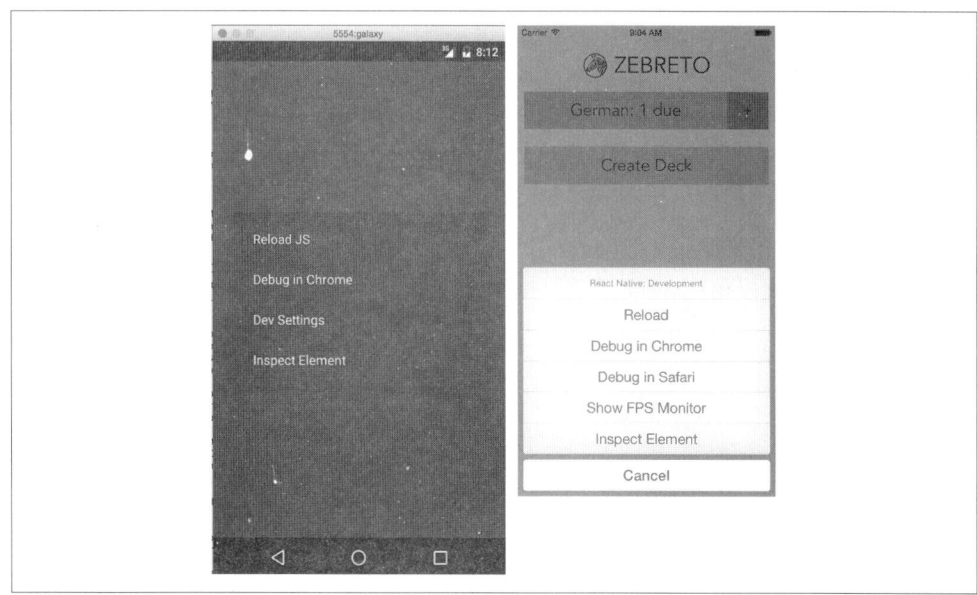

图 9-1：应用内置的开发者菜单，Android（左）和 iOS（右）视图

要注意的是，开发者菜单在生产版本中是禁用的。

如果你用的是 Expo 应用（即使用 Create React Native App 创建的应用），可以使用相同的快捷方式来打开 Expo 开发者菜单（见图 9-2）。

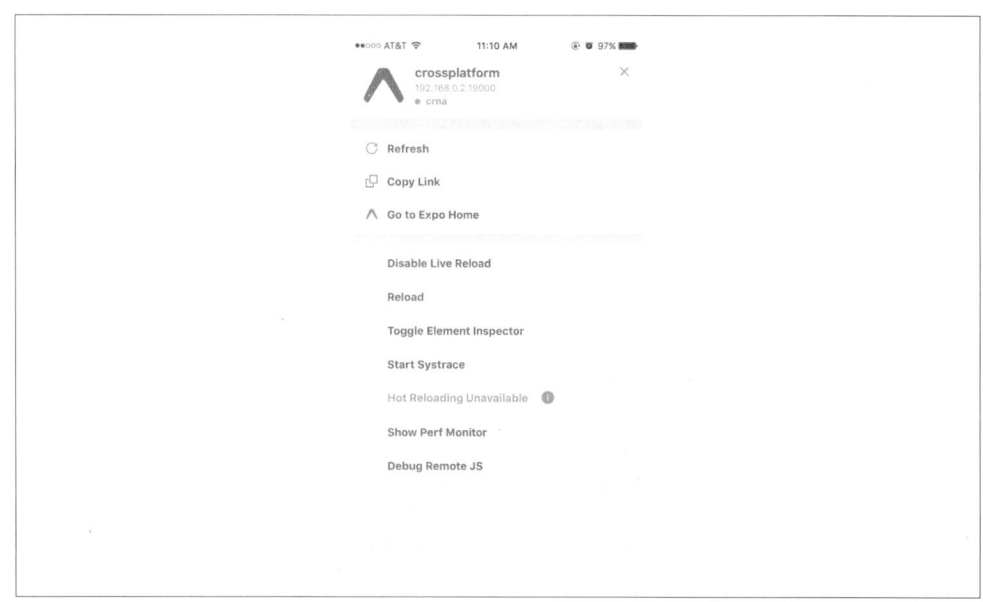

图 9-2：Expo 开发者菜单

9.1.2 使用console.log调试

最基础也是最常用的调试方法之一就是先输出，然后观察发生了什么。对于大多数 Web 开发者而言，在代码中添加 console.log 是工作流程中的一个潜在环节。

JavaScript 控制台直接在 React Native 之外工作。使用输出语句不需要任何特殊的配置。

使用 Xcode 时，你会看到与 Xcode 控制台相同的输出内容（见图 9-3）。注意，你可以通过调整 Xcode 可视面板来扩大控制台的空间。

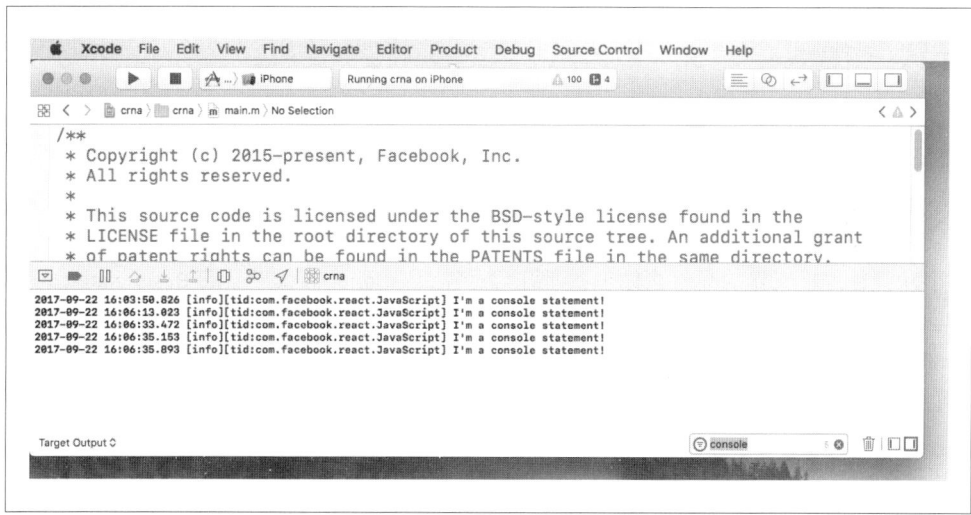

图 9-3：Xcode 中的控制台输出

与此相似，对于 Android 而言，你可以在项目根目录运行 logcat 命令来查看设备的日志（见图 9-4）。

```
adb logcat
```

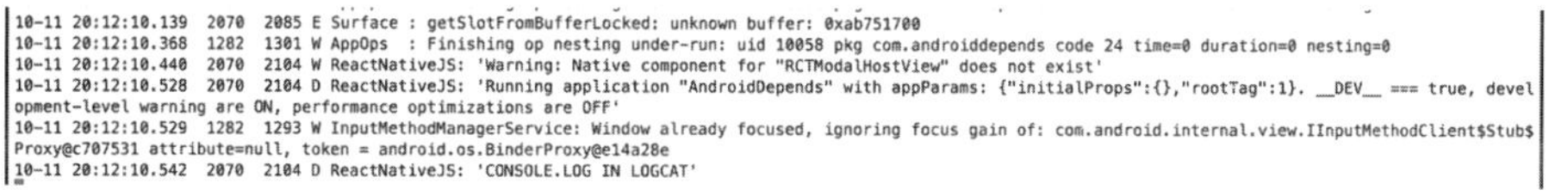

图 9-4：logcat 中标签名为 ReactNativeJS 的控制台输出

然而这些视图杂乱无章，还夹杂着一些平台相关的内容。由于控制台输出是带有 ReactNativeJS 标签的，我们可以运行这条命令作为替代：

```
adb logcat | grep ReactNativeJS
```

我们可以直接使用基于浏览器的开发者工具，从而获得更加熟悉和清爽的体验。激活开发者菜单并选择 Debug Remote JS，然后打开你的控制台。如图 9-5 所示，你可以从 Chrome 开发者工具的控制台中看到输出的内容。

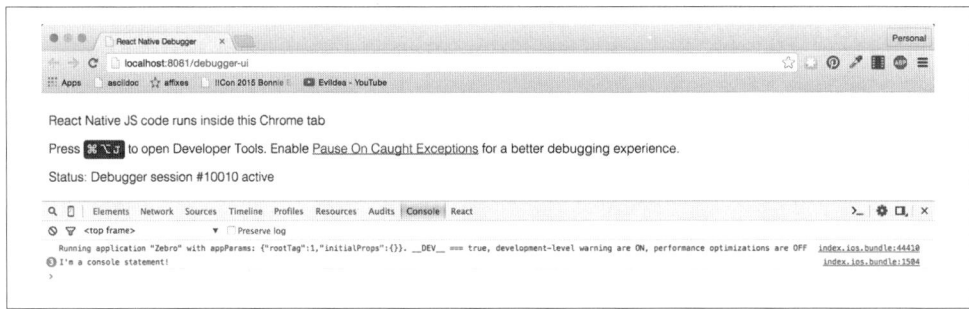

图 9-5：Chrome 控制台输出

注意，你需要先打开控制台才可以看到输出内容。

这个功能是怎样工作的呢？当你加载了开启远程 JavaScript 调试工具的 React Native 应用之后，浏览器便会通过 React Native 包管理器使用一个标准的 `<script>` 标签来执行相同的 JavaScript 代码，于是你就有了一个基于浏览器的调试器。随后，包管理器使用 WebSocket 进行设备与浏览器之间的通信。

我们不需要过多关注具体的细节，只需要知道如何使用这些工具就行了！

除了 `console.log` 之外，你还可以利用 `console.warn` 或者 `console.error`。在开发版本构建中，`console.warn` 会在应用底部显示黄色消息框，而 `console.error` 的消息则会通过全屏红色显示。在生产版本构建中，这些视觉指示会被禁用，因此你不用担心它们会显示给终端用户。

9.1.3　使用JavaScript调试器

你也可以使用 JavaScript 调试器，就像在开发 Web 平台上的 React 一样。在 Chrome 浏览器中打开开发者工具，切换至 source 选项，然后调试器会在断点处被激活。你可以在图 9-6 中查看这些步骤。

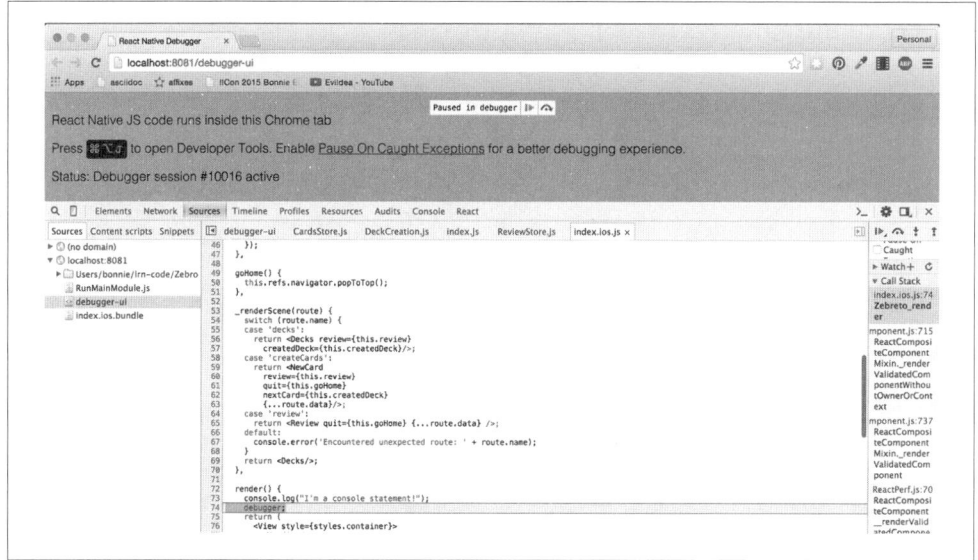

图 9-6：使用调试器

值得一提的是，类似于 JavaScript 控制台，如果没有预先打开开发者工具面板，那么调试器可能不会在断点处被激活。同样，如果没有启用远程 JavaScript 调试功能，那么调试器也不会被激活。

使用调试器，你就可以直接在 Chrome 上查看跟平时一样形式的源代码。同时，也可以使用浏览器内置的控制台与当前的 JavaScript 上下文进行交互。

9.1.4　使用React开发者工具

开发 Web 平台上的 React 时，React 开发者工具是非常实用的。它允许你审查组件的层次结构，以及检查组件状态和属性，还可以直接在浏览器中修改状态。React 开发者工具可以在 Chrome 扩展中心里找到。

React 开发者工具也可以配合 React Native 使用。在使用之前，你需要先安装它的独立版本：

```
npm install -g react-devtools
```

然后通过以下命令，运行开发者工具，如图 9-7 所示。

```
react-devtools
```

调试与开发者工具　｜　127

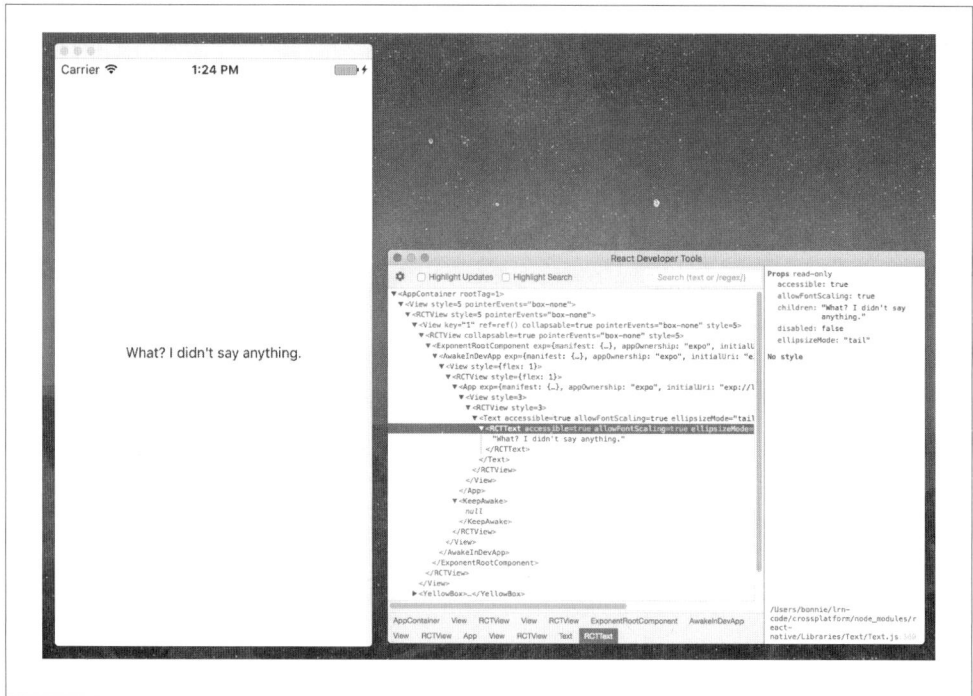

图 9-7:React 开发者工具

9.2 React Native调试工具

除了基于 JavaScript 的 Web 基础调试工具之外,还有一些调试功能是针对 React Native 的。

9.2.1 使用审查元素功能

在浏览器上使用 React 开发者工具时,你会发现"审查元素"功能还有一些待改进的地方。不过应用内的"审查元素"的功能可能会对你有所帮助,它支持查看样式等信息,还为你提供了一种快捷的挖掘组件层级的功能。如图 9-8 所示,你可以查看按钮组件的审查结果。

图 9-8：使用审查元素功能，点击组件查看更多信息

这个视图同时也展示了一些基本的性能指标。

9.2.2 宕机红屏

在应用开发过程中最常见的场景之一就是宕机红屏了。错误界面虽然让人惊慌，但实际上是非常好用的：它捕获错误并解析成有意义的信息。因此，学会理解它显示的错误信息也有助于提高开发效率。

例如，一个语法错误会输出如图 9-9 所示的信息，它指出了错误所在的文件和行号。

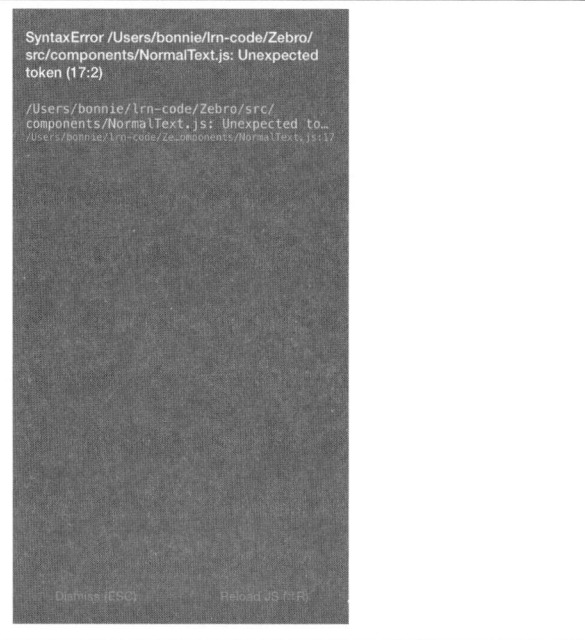

图 9-9：语法错误的宕机红屏

另一个常见的错误是尝试使用一个未导入或未定义的变量。例如，没有显式地导入 <Text> 组件，像这样：

```
import React, { Component } from "react";

export default class App extends Component {
  render() {
    return (
      <View>
        <Text>
          I haven't imported things properly!
        </Text>
      </View>
    );
  }
}
```

这会引发如图 9-10 所示的错误信息。

图 9-10：忘记导入 <Text> 组件而引发的错误

尝试使用一个未定义的变量也会引发错误（见图 9-11）。

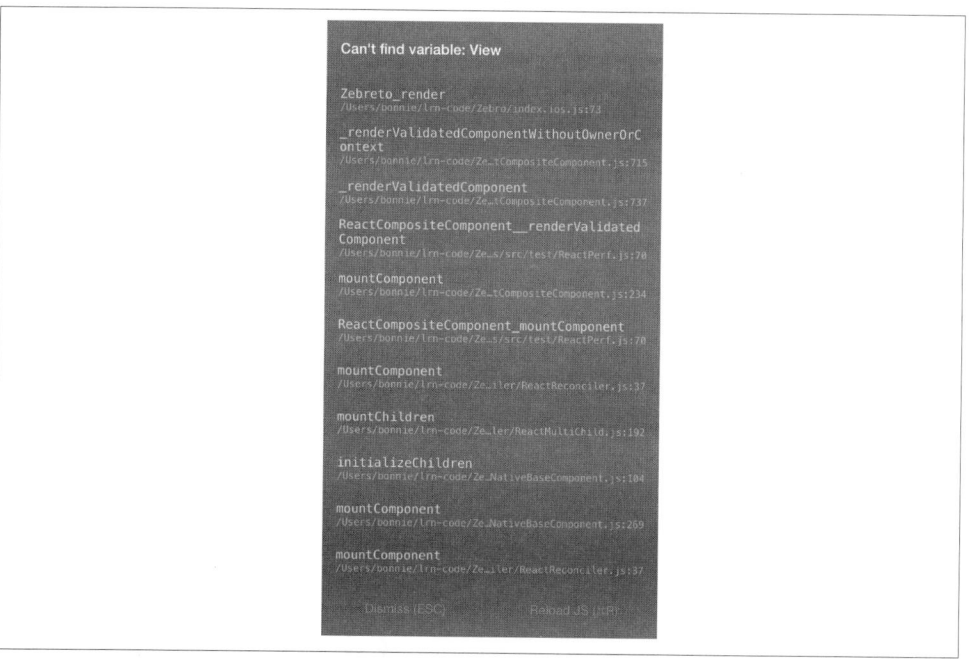

图 9-11：尝试使用未定义的变量的错误信息

样式相关的错误有一些特定的信息。举例而言，如果调用 StyleSheet.create 方法并传入了一个无效的值，那么 React Native 会告诉你哪些值才是有效的（见图 9-12）。

图 9-12：误设样式属性的错误信息

宕机红屏看起来可能有点吓人，但确实对你有所帮助，并且它展示的错误信息都是很有用的。如果由于某些原因需要退出错误界面，只需要在模拟器上按下"退出键"（Escape key）就可以切换回应用界面了。

9.3　JavaScript 之外的调试方法

由于使用 React Native 编写移动应用，你遇到的错误可能不仅仅存在于 React 代码里，还可能出现在应用内部。如果你是移动开发的新手，那么这些问题可能会让人沮丧。此外，有时候你会遇到一些因 JavaScript 代码与宿主平台交互而产生的错综复杂的问题和错误，而 React Native 和宿主平台代码的混合会产生一些莫名其妙的"症状"。

学习调试纯 JavaScript 代码之外的问题对使用 React Native 进行高效率开发来说是非常重要的。值得庆幸的是，很多问题都比想象中容易解决，而且还有大量的工具可以帮助我们。

9.3.1　常见的开发环境问题

同时管理你的 iOS、Android 和 JavaScript 开发环境可能会有点令人懊恼，并且遇到上述任何问题的组合都不足为奇。

如果你遇到由于包管理器的启动，或者由于使用 npm start 或 react-native run-android 构建或运行应用而产生的错误，那么很可能是依赖的问题。

如果你的依赖出现问题，一种常用的解决办法是清理所有已安装的 npm 包，然后重新安装：

```
rm -rf node_modules
npm install
```

9.3.2 常见的Xcode问题

当你构建 iOS 应用时，可能会遇到一些错误，它们会出现在 Xcode 的问题面板里（见图 9-13）。你可以通过选择警告图标来查看错误。

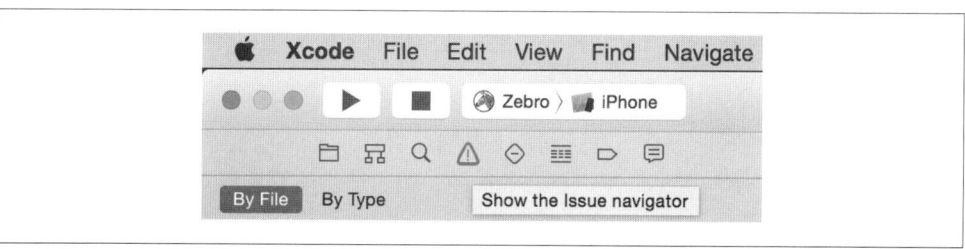

图 9-13：查看错误面板

接着，Xcode 会为你指出相关的文件和行号，在 IDE 里高亮显示这些问题。图 9-14 展示了一个常见错误的例子。

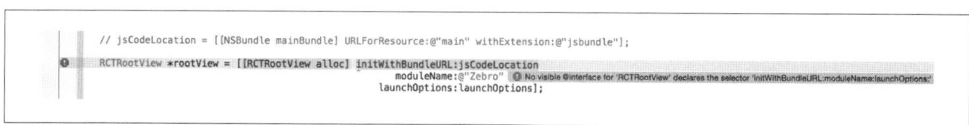

图 9-14：接口错误

No visible interface for "RCTRootView" 说明 React Native 的类由于某些原因对 Xcode 来说是不可见的。通常，如果你在 Xcode 里碰到 X is undefined 这样的问题，并且 X 是以 RCT 为前缀或是 React Native 的一部分文件，那么建议你按如下步骤检查包管理器，确保 JavaScript 的依赖处于良好状态中：

(1) 退出包管理器；
(2) 退出 Xcode；
(3) 在项目目录下运行 `npm install`；
(4) 重新打开 Xcode。

调试与开发者工具 | 133

另一个常见的问题是资源尺寸的问题（如图 9-15 所示）。

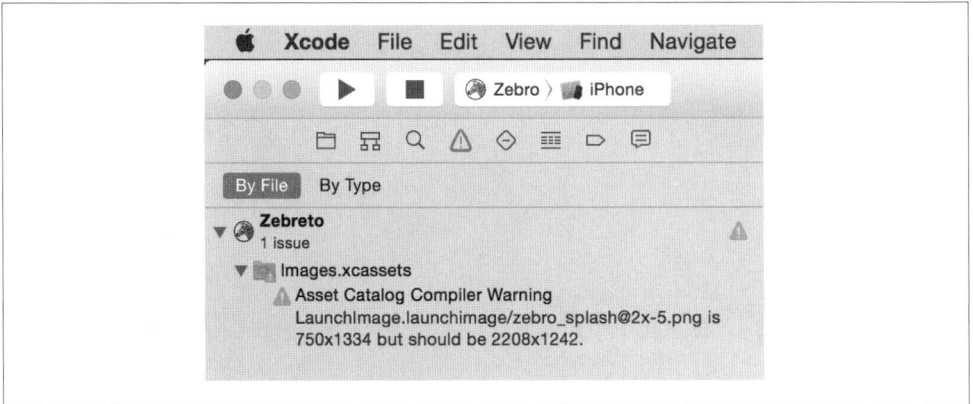

图 9-15：有关图像尺寸问题的警告

资源文件需要符合目标平台的尺寸要求（尤其是应用的图标文件），如果你导入了一个错误的尺寸，那么 Xcode 将会抛出一个警告。

要弄懂 Xcode 的警告可能需要一些时间，尤其当你对 Objective-C 不熟悉时。其中最棘手的是关于 React Native 与 Xcode 项目整合的问题，但通过清理并重新安装 React Native 通常就能够解决。

9.3.3　常见的Android问题

当你运行 react-native run-android 时，可能会出现一些错误，阻止你加载应用。最常见的两个问题是 Android 依赖的丢失以及未能启动 Android 虚拟设备（或通过 USB 连接的可识别的设备）。

如果你遇到一个关于包丢失的警告，可通过运行 android 来查看该包是否被列为"已安装"。如果没有的话，那就安装它。如果已经安装了，但 React Native 无法找到的话，那么可以按照上面的步骤尝试修复开发环境问题。同时，你也应该检查一下，确保 ANDROID_HOME 环境变量已经被正确设置并指向了 Android SDK 的安装目录。例如，在我的系统上是这样的：

```
$ echo $ANDROID_HOME
/usr/local/opt/android-sdk
```

如果你遇到一个关于指定了不可识别设备作为构建目标的问题，那就需要检查你的设备。你是打算在模拟器上运行应用吗？如果模拟器仍处在启动过程，那么 react-native run-android 命令会执行失败，可以等待几分钟再重试。如果你打算使用物理设备，请确保 USB 调试选项已被激活。

创建签名版本的 Android 应用之后，可能还会遇到一些问题：

```
$./gradlew installRelease
...
INSTALL_PARSE_FAILED_INCONSISTENT_CERTIFICATES:
New package has a different signature
```

你可以通过在设备或模拟器上卸载旧版本应用来解决这个问题，也可以重试安装步骤。这个问题是因尝试使用一个不同的签名密钥来安装应用而导致的。这当然会在你生成第一个签名版 APK 之后发生。

9.3.4 React Native包管理器

React Native 依赖于包管理器来重新构建代码，因此包管理器的异常会很快以错误的形式展现出来。

当你从 Xcode 或使用 `react-native run-android` 命令运行项目时，React Native 包管理器会自动加载。但在关闭项目的时候，它并不会自动退出。这意味着，如果你切换了项目，那么包管理器仍在运行，只不过运行在错误的目录下，因此代码会编译失败。所以请确保包管理器永远运行在项目对应的根目录下。你可以通过 `npm start` 命令来启动它。

如果 React Native 包管理器在启动时抛出了一些奇怪的错误，那么你的开发环境很可能处于不良的状态。我们可以根据之前描述的步骤来解决这个问题，确保 npm、Node 和 react-native 的本地文件处在良好的状态。

9.3.5 部署至iOS设备的问题

当你尝试在真实的 iOS 设备上测试应用时，可能会遇到一些奇怪的问题。

如果在上传应用到 iOS 设备的过程中遇到麻烦，你要确保已经正确选择了你的设备作为构建目标。你的设备是项目设置里支持的类型吗？例如，如果你的应用明确地禁用了 iPad 设备，那么你就不能部署到 iPad 上了。

如果你修改文件时使用 React Native 包管理器重新构建的话，可能会遇到图 9-16 中的错误。

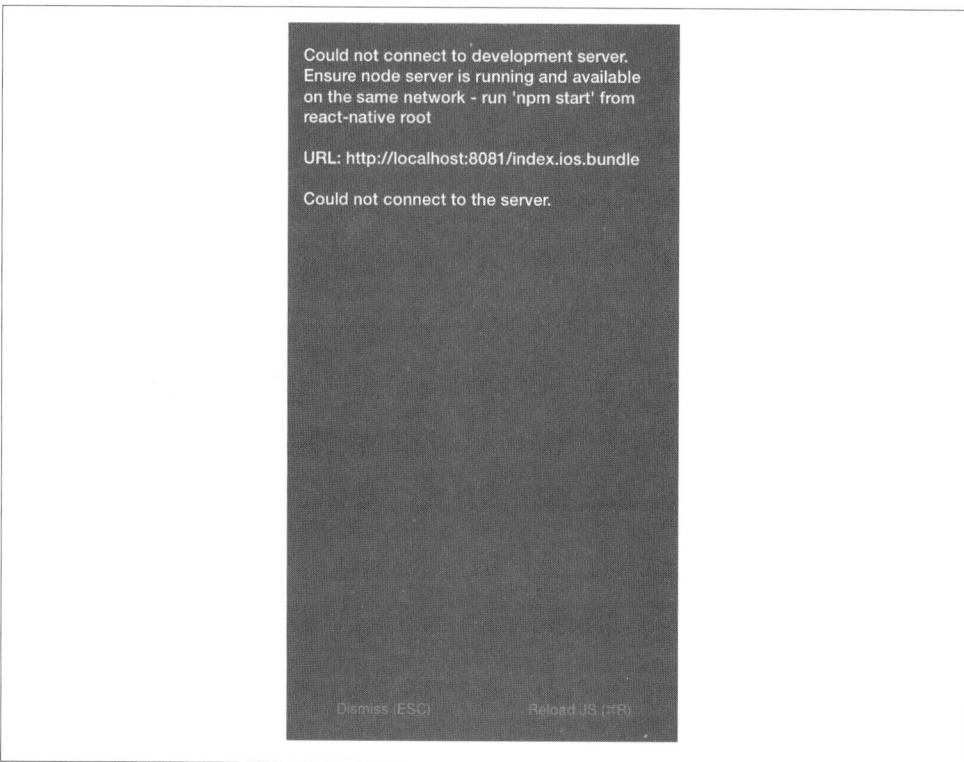

图 9-16：无法连接到开发服务器

这表示你的应用已经尝试过从 React Native 包管理器加载 JavaScript 的打包文件，但它无法被成功加载。在这种情况下，试试下列检查步骤。

- 你的电脑与 iOS 设备是否在相同的 WiFi 网络下？
- React Native 包管理器是否运行在项目目录下？

9.3.6　模拟器行为

你可能会不时发现设备模拟器的一些奇怪的行为。如果你的应用持续不断地崩溃，或者修改后的代码无法在模拟器上反映出来，那么首先试试最简单的办法，即从设备上删除你的应用。

值得注意的是，简单地删除应用可能达不到预期的效果。在很多系统上，被卸载的应用会有一些残留的文件，这些文件在今后可能会有副作用。如图 9-17 所示，最直接的办法就是重置整个设备模拟器，一切从头再来。这样，模拟器上**所有的**文件和应用都将被移除。

图 9-17：Reset Content and Settings... 选项将会清空设备

在 Android 模拟器上也是类似的，你可以删除模拟器，然后用新模拟器重新再试。

9.4 测试代码

学会调试固然很好，但你一定想在错误发生**之前**就阻止它们（如果不可避免，就捕获它们）。自动化测试和静态类型检查是非常实用的工具，你一定也想在应用里使用它们。

测试 JavaScript 代码

大部分你写的 React Native 代码可能甚至没有意识到它们被运行在移动环境里了。例如，所有的业务逻辑都可以从渲染逻辑中隔离出来。这意味着你可以使用任何你喜欢的普通 JavaScript 开发工具来测试你的 JavaScript 代码。

这一节将具体介绍如何使用 Flow 进行类型检查，以及如何使用 Jest 进行单元测试。

9.4.1 使用Flow进行类型检查

Flow 是一个静态类型检查的 JavaScript 类库。它依赖类型推断来检测类型错误，甚至也可以检查注释代码。它允许你逐渐往现有的项目里添加注解。类型检查可以帮助你尽早发现潜在问题，然后增强不同组件和模块之间的 API 的健壮性。

你可以用 npm 安装 Flow：

```
$ npm install -g flow-bin
```

运行 Flow 是很简单的：

```
$ flow check
```

应用默认自带了 .flowconfig 文件，它配置了 Flow 的行为。如果你发现了很多关于 node_

modules 的错误,可能需要添加这一行代码到 .flowconfig 文件的 [ignore] 下面:

```
.*/node_modules/.*
```

再次运行 flow check,就没有任何错误了:

```
$ flow check
$ Found 0 errors.
```

尽情使用 Flow 来帮助你开发 React Native 应用吧。

9.4.2 使用Jest进行单元测试

React Native 支持使用 Jest 来测试 React 组件。Jest 是一个基于 Jasmine 的单元测试框架。它提供了侵入性的依赖自动模拟的功能,也可以很好地与 React 测试工具进行整合。

使用 Jest 需要先进行安装:

```
npm install jest-cli --save-dev
```

因为我们只需要在开发环境中使用 Jest,而不是生产环境,所以我们在安装的时候使用了 --save-dev 标记。

更新 package.json 文件,在 scripts 中添加 test:

```
{
  ...
  "scripts": {
    "test": "jest"
  }
  ...
}
```

运行 npm test 命令之后,将会启动 jest。

接下来,创建一个 __tests__/ 目录。Jest 将会递归地搜索在 __tests__/ 目录下的测试文件,然后运行它们:

```
mkdir __tests__
```

现在创建一个新文件 __tests__/dummy-test.js,并编写我们的第一个测试用例:

```
'use strict';

describe('a silly test', function() {
  it('expects true to be true', function() {
    expect(true).toBe(true);
  });
});
```

现在，如果你运行 `npm test`，会看到测试用例全部通过了。

当然，除了这个简单的例子之外，测试还包含更丰富的内容。如果想了解更多关于 Jest 的信息，建议从它的文档开始。

9.4.3　使用Jest进行快照测试

快照测试对于确保你的 UI 没有发生意外改变是非常好用的。这一点使得它非常适用于 React 组件。此外，快照测试也很容易编写，需要的配置项少。

在 React Native 中，快照测试依赖于 `react-test-renderer` 这个包。

```
npm install --save react-test-renderer
```

例 9-1 演示了一个简单的 Jest 测试。

例 9-1　Styles/tests/FlexDemo-test.js

```
import React from "react";
import FlexDemo from "../FlexDemo";

import renderer from "react-test-renderer";

test("renders correctly", () => {
  const tree = renderer.create(<FlexDemo />).toJSON();

  expect(tree).toMatchSnapshot();
});
```

如你所见，只需要编写非常少的代码就可以添加一个快照测试。

你还需要更新 package.json 文件，将 Jest 作为依赖项，并加上 `react-native` 的测试预设。

```
"dependencies": {
  ...
  "jest": "*"
  ...
},
"jest": {
  "preset": "react-native"
}
```

当你第一次运行 `npm test` 的时候会生成一份"快照"。

```
$ npm test
 PASS __tests__/FlexDemo-test.js
   ✓ renders correctly (1216ms)

Snapshot Summary
 > 1 snapshot written in 1 test suite.
```

快照文件的内容如例 9-2 所示。

例 9-2　初始的快照文件

```
// Jest Snapshot v1, https://goo.gl/fbAQLP

exports[`renders correctly 1`] = `
<View
  style={
    Object {
      "alignItems": "flex-end",
      "backgroundColor": "#F5FCFF",
      "borderColor": "#0099AA",
      "borderWidth": 5,
      "flex": 1,
      "flexDirection": "row",
      "marginTop": 30,
    }
  }
>
  <Text
    accessible={true}
    allowFontScaling={true}
    ellipsizeMode="tail"
    style={
      Object {
        "borderColor": "#AA0099",
        "borderWidth": 2,
        "flex": 1,
        "fontSize": 24,
        "textAlign": "center",
      }
    }
  >
    Child One
  </Text>
  <Text
    accessible={true}
    allowFontScaling={true}
    ellipsizeMode="tail"
    style={
      Object {
        "borderColor": "#AA0099",
        "borderWidth": 2,
        "flex": 1,
        "fontSize": 24,
        "textAlign": "center",
      }
    }
  >
    Child Two
  </Text>
  <Text
    accessible={true}
    allowFontScaling={true}
    ellipsizeMode="tail"
    style={
```

```
        Object {
          "borderColor": "#AA0099",
          "borderWidth": 2,
          "flex": 1,
          "fontSize": 24,
          "textAlign": "center",
        }
      }
    >
      Child Three
    </Text>
  </View>
`;
```

不要去手动编辑这些文件。相反，当你更新了应用之后，可以再次运行 npm test。如果组件渲染的内容和快照有出入，Jest 就会返回失败消息，并且向你展示组件的预期版本和接收版本之间的差异：

```
$ npm test
  FAIL  __tests__/FlexDemo-test.js
  ● renders correctly

    expect(value).toMatchSnapshot()

    Received value does not match stored snapshot 1.

    - Snapshot
    + Received

    @@ -41,22 +41,6 @@
          }
        }
      >
        Child Two
      </Text>
-     <Text
-       accessible={true}
-       allowFontScaling={true}
-       ellipsizeMode="tail"
-       style={
-         Object {
-           "borderColor": "#AA0099",
-           "borderWidth": 2,
-           "flex": 1,
-           "fontSize": 24,
-           "textAlign": "center",
-         }
-       }
-     >
-       Child Three
-     </Text>
      </View>
```

```
        at Object.<anonymous> (__tests__/FlexDemo-test.js:11:14)
  ✕ renders correctly (66ms)

Snapshot Summary
› 1 snapshot test failed in 1 test suite.
```

在检查差异时，你可以决定这些更改是不是错误的，或者选择更新快照来展示改动之处。这份快照文件应该纳入源码的管理中。

9.5　当你陷入困境

如果你遇到一个特别棘手的问题，并且自己无法解决的话，可以尝试咨询社区。你可以去这些地方寻求建议：

- #reactnative IRC 聊天室（irc.lc/freenode/reactnative）
- React 讨论论坛（https://discuss.reactjs.org/）
- Stack Overflow（http://stackoverflow.com/questions/tagged/react-native）

如果怀疑所遇到的问题可能是 React Native 自身的 bug，可以去 GitHub 检查现有的问题列表（https://github.com/facebook/react-native/issues）。在提交问题的时候，使用一个小的示例程序帮助你说明问题通常是很实用的。

9.6　小结

总体来说，调试 React Native 与调试 Web 平台上的 React 应该会有非常相似的体验。大多数你熟悉的工具在这里依然可用，这可以让你更容易过渡到 React Native 开发。话虽如此，React Native 应用有它特有的复杂性，有时候这种复杂性会表现为一些令人沮丧的 bug。了解调试应用的方法以及环境产生的错误信息，将会对你形成高效的工作方式有持续的帮助。

第 10 章
大型应用中的导航与结构

前文中已经介绍了许多构建 React Native 应用的知识,本章将整合并应用这些知识。目前所介绍的大部分是小型应用,本章将介绍大型应用的基本结构。我们将介绍如何使用 react-navigation 中的 <StackNavigation> 组件,来处理应用中不同屏幕之间的切换。

本章中的示例应用还会在第 11 章中使用,届时我们会看到如何将 Redux 状态管理库整合到我们的应用中。

10.1 闪卡应用

本章中,我们会构建一个闪卡应用,允许用户创建卡片,随后查看它们。闪卡应用会比我们之前开发的示例应用更复杂一些。学习它主要是为了了解如何开发更复杂的应用。该应用的所有代码都在 GitHub 上(https://github.com/bonniee/learning-react-native/tree/2.0.0/src/flashcards),源码完全基于 JavaScript,而且是完全跨平台的,在 Android 平台上的表现与 iOS 上的相一致,并且兼容 Expo(意味着你可以使用 Create React Native App)。

如图 10-1 所示,闪卡应用有 3 个主要的视图。

- 主界面,列出了存在的分组,并且可以创建新的分组。
- 创建卡片界面。
- 复习界面。

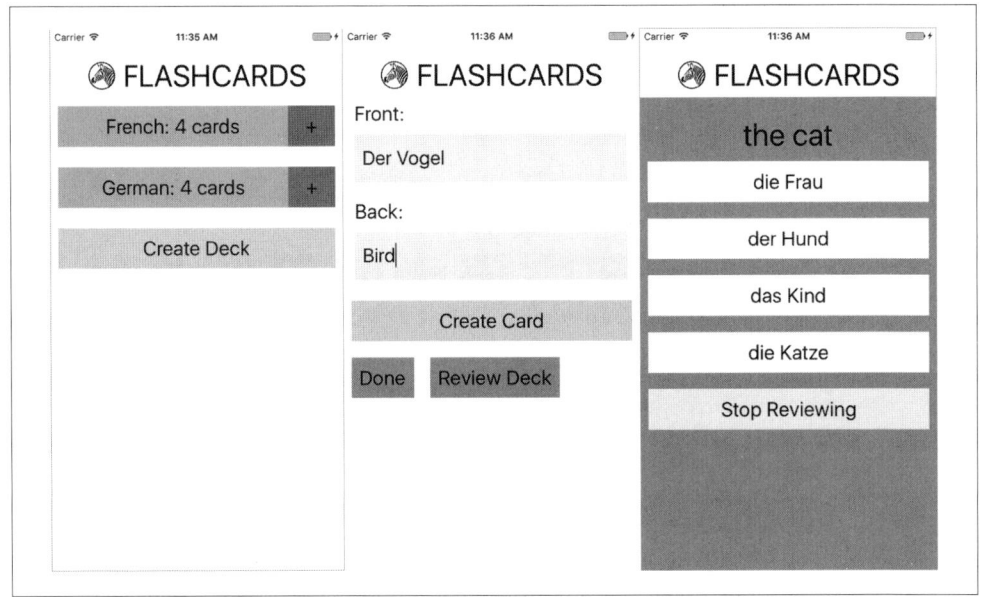

图 10-1:查看分组、创建卡片以及复习卡片

该应用的用户主要有两个交互流程。第一个是内容的创建(即创建分组和卡片)。创建内容的流程如下(如图 10-2 所示)。

(1) 用户点击 Create Deck 按钮。
(2) 用户输入一个分组名称,然后轻触返回按钮或点击 Create Deck 按钮继续创建。
(3) 用户在 Front 和 Back 输入框输入内容,然后点击 Create Card。
(4) 输出零个或多个卡片之后,用户可能会点击 Done 按钮返回初始界面,也可能点击 Review Deck 按钮进行复习。

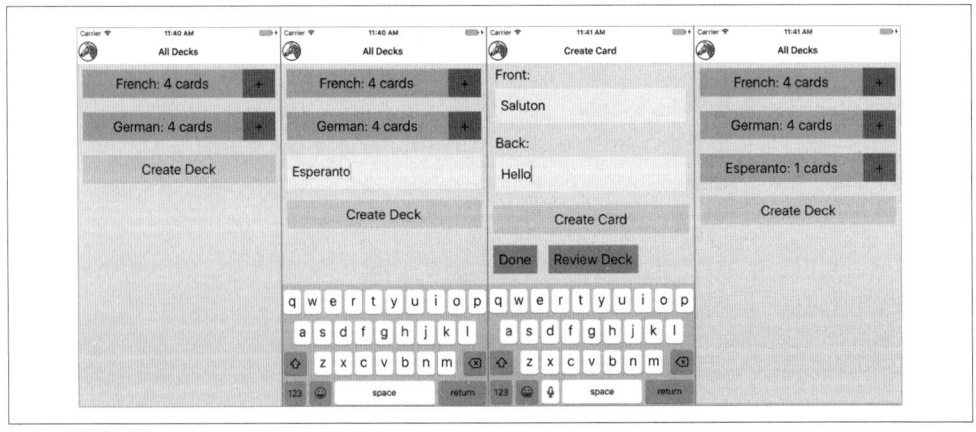

图 10-2:创建一个分组

第二个主要的交互流程是卡片的复习（如图 10-3 所示）。

(1) 用户点击需要复习的分组名。
(2) 展现问答界面给用户。
(3) 用户点击其中一个选项。
(4) 应用根据猜测正确与否来反馈给用户。
(5) 点击 Continue 按钮，继续复习。
(6) 所有的复习完成之后，用户会看到 Reviews cleared! 界面。

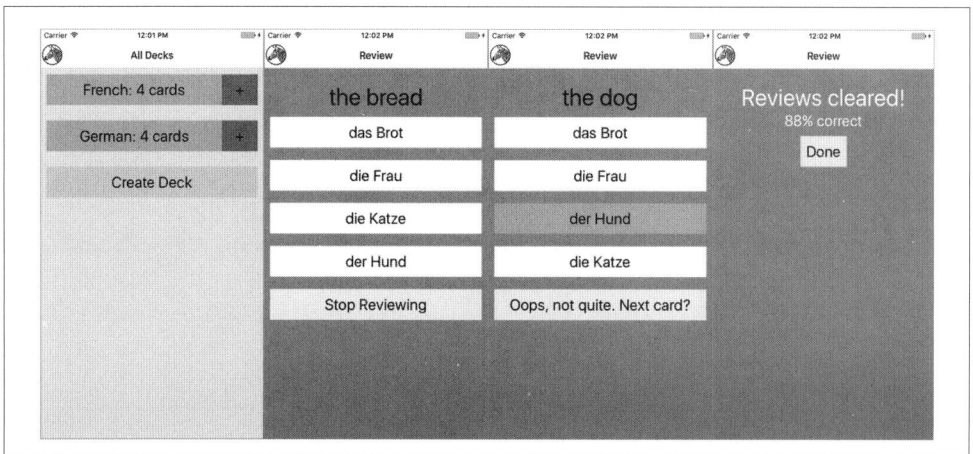

图 10-3：复习卡片

我们将使用闪卡应用，尤其是上面描述的特性，来讨论一些关于构建完整应用的模式以及出现的问题。

10.2　项目结构

以下是项目大体的结构：

```
flashcards
├── icon.png
├── index.js
├── src_checkpoint_01
    ├── components
        ├── Button.js
        ├── DeckScreen
        ├── Flashcards.js
        ├── Header
        ├── HeadingText.js
        ├── Input.js
        ├── LabeledInput.js
        ├── NewCardScreen
```

```
    │      ├── NormalText.js
    │      └── ReviewScreen
    ├── data
    │      ├── Card.js
    │      ├── Deck.js
    │      ├── Mocks.js
    │      └── QuizCardView.js
    └── styles
           ├── colors.js
           └── fonts.js
├── src_checkpoint_02
│      ├── ...
├── src_checkpoint_03
│      ├── ...
├── src_checkpoint_04
       ├── ...
```

在 flashcards 目录内，实际上包含了 4 个文件夹：src_checkpoint_01、src_checkpoint_02、src_checkpoint_03 和 src_checkpoint_04。它们分别代表了我们开发过程中不同的应用状态。接下来从 src_checkpoint_01 开始。

components/

所有的 React 组件都在这里。

data/

这里可以找到数据模型，用来表示闪卡、分组和复习。

styles/

这里可以找到样式对象，支持在任何地方复用。

10.2.1　应用屏幕

该应用有 3 个主场景，它们可以在任何时候被展现。

首先，我们可以在主界面创建分组。这个界面将显示现有的所有分组，如图 10-4 所示。

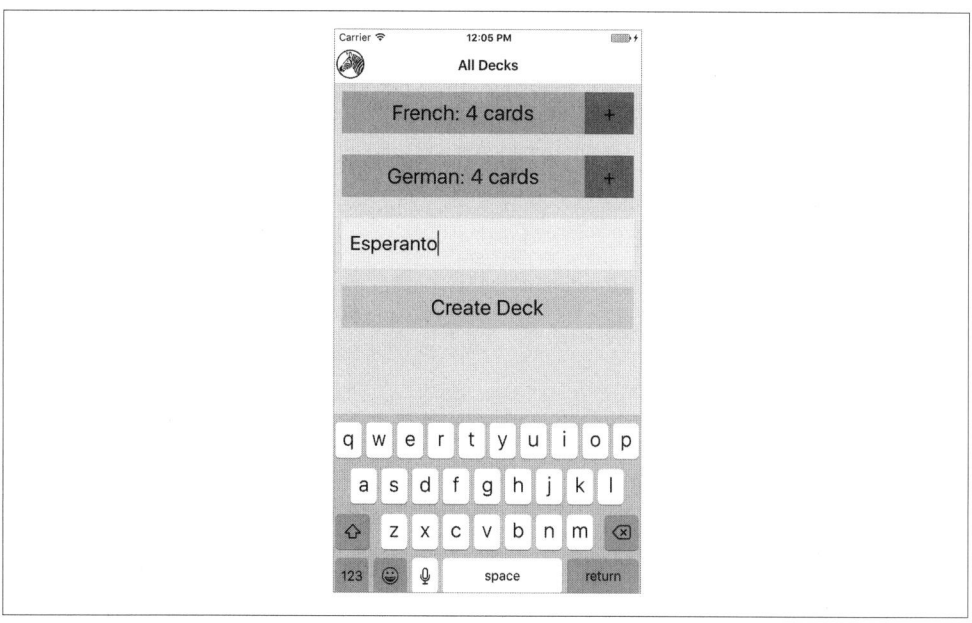

图 10-4：从主界面创建分组

在一开始的代码版本中，每个屏幕都是作为一个组件实现的，但它们还没有互相关联。如果你试着和应用交互，那么就会显示一个 Not implemented（"未实现"）的警告信息（见图 10-5）。

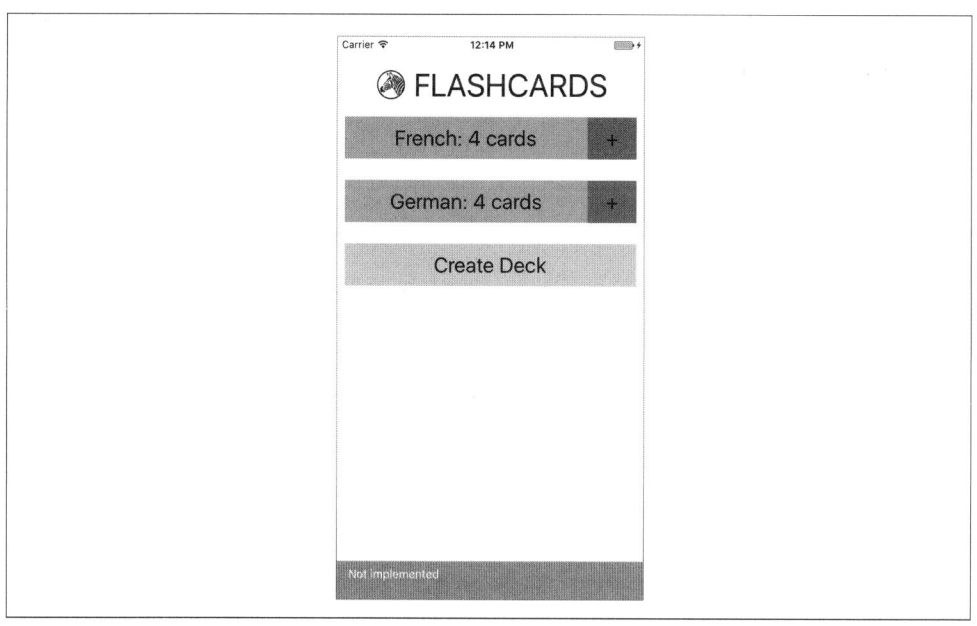

图 10-5：如果你试着和应用交互，就会显示一个警告

大型应用中的导航与结构 | 147

应用的根组件位于 components/Flashcards.js，如例 10-1 所示。

例 10-1　src_checkpoint_01/components/Flashcards.js

```
import React, { Component } from "react";
import { StyleSheet, View } from "react-native";

import Heading from "./Header";
import DeckScreen from "./DeckScreen";
import NewCardScreen from "./NewCardScreen";
import ReviewScreen from "./ReviewScreen";

class Flashcards extends Component {
  _renderScene() {
    // return <ReviewScreen />;
    // return <NewCardScreen />;
    return <DeckScreen />;
  }
  render() {
    return (
      <View style={styles.container}>
        <Heading />
        {this._renderScene()}
      </View>
    );
  }
}

const styles = StyleSheet.create({ container: { flex: 1, marginTop: 30 } });

export default Flashcards;
```

查看分组、创建卡片以及复习卡片的屏幕，分别在 <DeckScreen>、<NewCardScreen> 和 <ReviewScreen> 组件中实现。

如例 10-2 所示，<DeckScreen> 用于渲染一个已创建的分组，以及一个用来创建新分组的按钮。

例 10-2　src_checkpoint_01/components/DeckScreen/index.js

```
import React, { Component } from "react";
import { View } from "react-native";

import { MockDecks } from "../../../data/Mocks";
import Deck from "./Deck";
import DeckCreation from "./DeckCreation";

class DecksScreen extends Component {
  static displayName = "DecksScreen";

  constructor(props) {
    super(props);
    this.state = { decks: MockDecks };
  }
```

```
    _mkDeckViews() {
      if (!this.state.decks) {
        return null;
      }

      return this.state.decks.map(deck => {
        return <Deck deck={deck} count={deck.cards.length} key={deck.id} />;
      });
    }

    render() {
      return (
        <View>
          {this._mkDeckViews()}
          <DeckCreation />
        </View>
      );
    }
  }

  export default DecksScreen;
```

<NewCardScreen>,如例 10-3 所示,拥有一个用来创建新卡片的输入框。实际处理创建闪卡的回调逻辑还没有实现。

例 10-3　src_checkpoint_01/components/NewCardScreen/index.js

```
import React, { Component } from "react";
import { StyleSheet, View } from "react-native";

import DeckModel from "./../../../data/Deck";

import Button from "../Button";
import LabeledInput from "../LabeledInput";
import NormalText from "../NormalText";
import colors from "./../../../styles/colors";

class NewCard extends Component {
  constructor(props) {
    super(props);
    this.state = { font: "", back: "" };
  }

  _handleFront = text => {
    this.setState({ front: text });
  };

  _handleBack = text => {
    this.setState({ back: text });
  };

  _createCard = () => {
    console.warn("Not implemented");
```

```
    };

    _reviewDeck = () => {
      console.warn("Not implemented");
    };

    _doneCreating = () => {
      console.warn("Not implemented");
    };

    render() {
      return (
        <View>
          <LabeledInput
            label="Front"
            clearOnSubmit={false}
            onEntry={this._handleFront}
            onChange={this._handleFront}
          />
          <LabeledInput
            label="Back"
            clearOnSubmit={false}
            onEntry={this._handleBack}
            onChange={this._handleBack}
          />

          <Button style={styles.createButton} onPress={this._createCard}>
            <NormalText>Create Card</NormalText>
          </Button>

          <View style={styles.buttonRow}>
            <Button style={styles.secondaryButton} onPress={this._doneCreating}>
              <NormalText>Done</NormalText>
            </Button>

            <Button style={styles.secondaryButton} onPress={this._reviewDeck}>
              <NormalText>Review Deck</NormalText>
            </Button>
          </View>
        </View>
      );
    }
  }

  const styles = StyleSheet.create({
    createButton: { backgroundColor: colors.green },
    secondaryButton: { backgroundColor: colors.blue },
    buttonRow: { flexDirection: "row" }
  });

  export default NewCard;
```

`<ReviewScreen>`，如例 10-4 所示，通过多重选择的格式展示一系列的复习卡片。一旦用户选择了答案，就会显示下一张复习卡片。

例 10-4 src_checkpoint_01/components/ReviewScreen/index.js

```js
import React, { Component } from "react";
import { StyleSheet, View } from "react-native";
import ViewCard from "./ViewCard";
import { MockReviews } from "./../../data/Mocks";
import { mkReviewSummary } from "./ReviewSummary";
import colors from "./../../styles/colors";

class ReviewScreen extends Component {
  static displayName = "ReviewScreen";

  constructor(props) {
    super(props);
    this.state = {
      numReviewed: 0,
      numCorrect: 0,
      currentReview: 0,
      reviews: MockReviews
    };
  }

  onReview = correct => {
    if (correct) {
      this.setState({ numCorrect: this.state.numCorrect + 1 });
    }
    this.setState({ numReviewed: this.state.numReviewed + 1 });
  };

  _nextReview = () => {
    this.setState({ currentReview: this.state.currentReview + 1 });
  };

  _quitReviewing = () => {
    console.warn("Not implemented");
  };

  _contents() {
    if (!this.state.reviews || this.state.reviews.length === 0) {
      return null;
    }

    if (this.state.currentReview < this.state.reviews.length) {
      return (
        <ViewCard
          onReview={this.onReview}
          continue={this._nextReview}
          quit={this._quitReviewing}
          {...this.state.reviews[this.state.currentReview]}
        />
      );
    } else {
      let percent = this.state.numCorrect / this.state.numReviewed;
      return mkReviewSummary(percent, this._quitReviewing);
    }
```

```
  }
  render() {
    return (
      <View style={styles.container}>
        {this._contents()}
      </View>
    );
  }
}

const styles = StyleSheet.create({
  container: { backgroundColor: colors.blue, flex: 1, paddingTop: 24 }
});

export default ReviewScreen;
```

你会发现,这些屏幕使用的很多组件都不是内置的 React Native 组件,而是为构建闪卡应用而提供的可复用组件。现在让我们来看看这些组件。

10.2.2 可复用组件

如前所述,当你开发大型应用时,编写能不断复用的样式组件是非常有用的。如此一来,大多数的组件都不需要使用 `<Text>` 组件来渲染,而是使用 `<HeadingText>` 和 `<NormalText>` 组件来代替。类似地,`<Button>` 组件也经常会被复用,`<Input>` 和 `<LabeledInput>` 组件也是如此。这样做可以提高代码的可读性,让创建新组件变得更加容易,也利于重新调整应用。

下面要介绍的组件都是可复用组件。在闪卡应用里,从代码的起始阶段,到最终变成可用的产品,我们会一直使用它们。

首先要介绍的是简单的 `<Button>` 组件,如例 10-5 所示。它可以将任何组件(通过 `this.props.children`)封装到一个 `<TouchableOpacity>` 组件中。同时,它接收一个 onPress 回调函数,让你可以通过属性去覆盖它的样式。

例 10-5 src_checkpoint_01/components/Button.js

```
import React, { Component } from "react";
import { StyleSheet, View, TouchableOpacity } from "react-native";

import colors from "./../styles/colors";

class Button extends Component {
  static displayName = "Button";

  render() {
    let opacity = this.props.disabled ? 1 : 0.5;
    return (
      <TouchableOpacity
```

```
          activeOpacity={opacity}
          onPress={this.props.onPress}
          style={[styles.wideButton, this.props.style]}
        >
          {this.props.children}
        </TouchableOpacity>
    );
  }
}

Button.defaultProps = { disabled: false };

export default Button;

const styles = StyleSheet.create({
  wideButton: {
    justifyContent: "center",
    alignItems: "center",
    padding: 10,
    margin: 10,
    backgroundColor: colors.pink
  }
});
```

接下来是 `<NormalText>` 组件，如例 10-6 所示。它和普通的 `<Text>` 组件区别不大，只是应用了一些样式，根据窗口尺寸来缩放字体大小。

例 10-6 src_checkpoint_01/components/NormalText.js

```
import React, { Component } from "react";
import { StyleSheet, Text, View } from "react-native";

import { fonts, scalingFactors } from "./../styles/fonts";
import Dimensions from "Dimensions";
let { width } = Dimensions.get("window");

class NormalText extends Component {
  static displayName = "NormalText";

  render() {
    return (
      <Text style={[this.props.style, fonts.normal, scaled.normal]}>
        {this.props.children}
      </Text>
    );
  }
}

const scaled = StyleSheet.create({
  normal: { fontSize: width * 1.0 / scalingFactors.normal }
});

export default NormalText;
```

<HeadingText>，如例 10-7 所示，和 <NormalText> 非常相似，只不过字体会更大一些。

例 10-7 src_checkpoint_01/components/HeadingText.js

```
import React, { Component } from "react";
import { StyleSheet, Text, View } from "react-native";

import { fonts, scalingFactors } from "./../styles/fonts";
import Dimensions from "Dimensions";
let { width } = Dimensions.get("window");

class HeadingText extends Component {
  static displayName = "HeadingText";

  render() {
    return (
      <Text style={[this.props.style, fonts.big, scaled.big]}>
        {this.props.children}
      </Text>
    );
  }
}

const scaled = StyleSheet.create({
  big: { fontSize: width / scalingFactors.big }
});

export default HeadingText;
```

<Input>，如例 10-8 所示，围绕内置的 <TextInput> 提供了一些切合实际的默认属性，能够处理状态的更新，并触发回调。

例 10-8 src_checkpoint_01/components/Input.js

```
import React, { Component } from "react";
import { StyleSheet, TextInput, View } from "react-native";

import colors from "./../styles/colors";
import { fonts } from "./../styles/fonts";

class Input extends Component {
  constructor(props) {
    super(props);
    this.state = { text: "" };
  }

  _create = () => {
    this.props.onEntry(this.state.text);
    this.setState({ text: "" });
  };

  _onSubmit = ev => {
    this.props.onEntry(ev.nativeEvent.text);
    if (this.props.clearOnSubmit) {
```

```
      this.setState({ text: "" });
    }
  };

  _onChange = text => {
    this.setState({ text: text });
    if (this.props.onChange) {
      this.props.onChange(text);
    }
  };

  render() {
    return (
      <TextInput
        style={[
          styles.nameField,
          styles.wideButton,
          fonts.normal,
          this.props.style
        ]}
        ref="newDeckInput"
        multiline={false}
        autoCorrect={false}
        onChangeText={this._onChange}
        onSubmitEditing={this._onSubmit}
      />
    );
  }
}

// 如果不另行指定，则使用默认属性
Input.defaultProps = { clearOnSubmit: true };

export default Input;

const styles = StyleSheet.create({
  nameField: { backgroundColor: colors.tan, height: 60 },
  wideButton: { justifyContent: "center", padding: 10, margin: 10 }
});
```

<LabledInput>，如例 10-9 所示，组合使用了 <Input> 和 <NormalText> 组件。

例 10-9　src_checkpoint_01/components/LabeledInput.js

```
import React, { Component } from "react";

import { StyleSheet, View } from "react-native";

import Input from "./Input";
import NormalText from "./NormalText";

class LabeledInput extends Component {
  render() {
    return (
      <View style={styles.wrapper}>
```

大型应用中的导航与结构 | 155

```
      <NormalText style={styles.label}>
        {this.props.label}:
      </NormalText>
      <Input
        onEntry={this.props.onEntry}
        onChange={this.props.onChange}
        clearOnSubmit={this.props.clearOnSubmit}
        style={this.props.inputStyle}
      />
    </View>
    );
  }
}

const styles = StyleSheet.create({
  label: { paddingLeft: 10 },
  wrapper: { padding: 5 }
});

export default LabeledInput;
```

10.2.3 样式

除了可复用组件外,在 styles 目录中还有几个样式表,它们在整个闪卡应用中都是可复用的。我们开发闪卡应用时不会修改这些文件。

首先是 fonts.js,这个文件设置了一些默认的字号和颜色(见例 10-10)。

例 10-10 src_checkpoint_01/styles/fonts.js

```
import { StyleSheet } from "react-native";

export const fonts = StyleSheet.create(
  normal: { fontSize: 24 },
  alternate: { fontSize: 50, color: "#FFFFFF" },
  big: { fontSize: 32, alignSelf: "center" }
});

export const scalingFactors = { normal: 15, big: 10 };
```

其次是 colors.js,它定义了应用中会使用到的一些颜色值(见例 10-11)。

例 10-11 src_checkpoint_01/styles/colors.js

```
export default (palette = {
  pink: "#FDA6CD",
  pink2: "#d35d90",
  green: "#65ed99",
  tan: "#FFEFE8",
  blue: "#5DA9E9",
  gray1: "#888888"
});
```

10.2.4 数据模型

既然我们已经了解闪卡应用是怎样处理渲染逻辑的，那么它又是如何处理数据的呢？我们需要记录哪些数据呢？应该怎么做？

我们关心两个基本的模型：卡片（Card）和分组（Deck）。复习功能是基于卡片和分组构建的，不过我们不需要存储它们。下面的类提供了一些使用分组和卡片的功能，让我们不用去处理纯 JavaScript 对象。

Deck 类如例 10-12 所示，让你可以基于一个名称来构建分组。每一个 Deck 都包含了一个 Card 数组。它还提供了一个将卡片添加到分组的简便方法。

在例 10-12 中，我们使用了 md5 模块，基于卡片和分组的数据来生成简单的 ID 编号。

例 10-12 src_checkpoint_01/data/Deck.js

```javascript
import md5 from "md5";

class Deck {
  constructor(name) {
    this.name = name;
    this.id = md5("deck:" + name);
    this.cards = [];
  }

  setFromObject(ob) {
    this.name = ob.name;
    this.cards = ob.cards;
    this.id = ob.id;
  }

  static fromObject(ob) {
    let d = new Deck(ob.name);
    d.setFromObject(ob);
    return d;
  }

  addCard(card) {
    this.cards = this.cards.concat(card);
  }
}

export default Deck;
```

卡片分成正反两面，并且卡片是属于分组的。Card 类如例 10-13 所示。

例 10-13 src_checkpoint_01/data/Card.js

```javascript
import md5 from "md5";

class Card {
  constructor(front, back, deckID) {
```

```
    this.front = front;
    this.back = back;
    this.deckID = deckID;
    this.id = md5(front + back + deckID);
  }

  setFromObject(ob) {
    this.front = ob.front;
    this.back = ob.back;
    this.deckID = ob.deckID;
    this.id = ob.id;
  }

  static fromObject(ob) {
    let c = new Card(ob.front, ob.back, ob.deckID);
    c.setFromObject(ob);
    return c;
  }
}

export default Card;
```

QuizCardView 如例 10-14 所示,实际上这是一个部分复习,其中包括了一个问题、几个可能的回答、一个正确答案,以及卡片的方向(例如,它是从英语到西班牙语,还是从西班牙语到英语)。这个类还包含了一个从一组卡片生成复习的方法。

例 10-14　src_checkpoint_01/data/QuizCardView.js

```
import _ from "lodash";

class QuizCardView {
  constructor(orientation, cardID, prompt, correctAnswer, answers) {
    this.orientation = orientation;
    this.cardID = cardID;
    this.prompt = prompt;
    this.correctAnswer = correctAnswer;
    this.answers = answers;
  }
}

function mkReviews(cards) {
  let makeReviews = function(sideOne, sideTwo) {
    return cards.map(card => {
      let others = cards.filter(other => {
        return other.id !== card.id;
      });

      let answers = _.shuffle(
        [card[sideTwo]].concat(_.sampleSize(_.map(others, sideTwo), 3))
      );

      return new QuizCardView(
        sideOne,
        card.id,
```

```
      card[sideOne],
      card[sideTwo],
      answers
    );
  });
};
let reviews = makeReviews("front", "back").concat(
  makeReviews("back", "front")
);
return _.shuffle(reviews);
}

export { mkReviews, QuizCardView };
```

最后，Mocks 类提供了一些模拟数据，可以用来测试和开发应用（见例 10-15）。

例 10-15　src_checkpoint_01/data/Mocks.js

```
import CardModel from "./Card";
import DeckModel from "./Deck";
import { mkReviews } from "./QuizCardView";

let MockCards = [
  new CardModel("der Hund", "the dog", "fakeDeckID"),
  new CardModel("das Kind", "the child", "fakeDeckID"),
  new CardModel("die Frau", "the woman", "fakeDeckID"),
  new CardModel("die Katze", "the cat", "fakeDeckID")
];

let MockCard = MockCards[0];
let MockReviews = mkReviews(MockCards);
let MockDecks = [new DeckModel("French"), new DeckModel("German")];

MockDecks.map(deck => {
  deck.addCard(new CardModel("der Hund", "the dog", deck.id));
  deck.addCard(new CardModel("die Katze", "the cat", deck.id));
  deck.addCard(new CardModel("das Brot", "the bread", deck.id));
  deck.addCard(new CardModel("die Frau", "the woman", deck.id));
  return deck;
});

let MockDeck = MockDecks[0];

export { MockReviews, MockCards, MockCard, MockDecks, MockDeck };
```

这些文件都放在 data 目录中，在开发闪卡应用期间，我们不会修改它们。

10.3　使用 React Navigation

现在，我们已经有了一个应用的雏形，已经涉及了大部分的渲染，但还没有添加功能。让我们继续完善它，使其可以在应用内部进行导航。

移动应用通常都会涉及多个屏幕，并且提供屏幕之间的过渡方式。导航库可以处理这些过渡，并且给予开发者一种表达屏幕间关系的方式。在 React Native 中可以选用几种不同的库。我们选择 React Navigation 进行介绍，它是由 React 社区的 GitHub 项目（https://github.com/react-community）提供的一个库。

10.3.1 创建StackNavigator

首先我们要将 react-navigation 添加到项目中。

```
npm install --save react-navigation
```

React Navigation 实际上提供了几种**导航器**（navigator）。导航器可以渲染常见的、可配置的 UI 元素，例如页眉。它们还确定了应用的导航结构。我们将使用 StackNavigator，它一次渲染一个屏幕，并且提供了屏幕"栈"之间的过渡功能。这可能是移动应用最常见的 UI 模式了。

React Navigation 还提供了其他导航器，例如 TabNavigator 和 DrawerNavigator，它们为应用结构提供了略微不同的视角。在一个应用中，你可以将数个导航器组合使用。

现在，让我们在 components/Flashcards.js 中导入 StackNavigator。

```
import { StackNavigator } from "react-navigation"
```

为了使用 StackNavigator，我们需要创建它，并且向它提供可用屏幕的信息。

```
let navigator = StackNavigator({
  Home: { screen: DeckScreen },
  Review: { screen: ReviewScreen },
  CardCreation: { screen: NewCardScreen }
});
```

然后，我们在 Flashcards.js 中导出这个导航器，取代原来的导出 <Flashcards> 组件的方式。

```
export default navigator;
```

10.3.2 使用navigation.navigate在屏幕之间过渡

创建一个 StackNavigator 之后，我们得到了什么？现在，StackNavigator 中的每个屏幕都会通过一个特殊的 navigation 属性来渲染。如果我们进行如下调用，那么导航器会尝试找到名字适合的屏幕来渲染。

```
this.props.navigation.navigate("SomeRoute");
```

此外，我们可以通过在栈中向后一步来导航：

```
this.props.navigation.goBack();
```

现在来修改 `<DeckScreen>` 组件，以便在分组上点击的时候，可以跳转到复习屏幕 `<ReviewScreen>`。

首先来看看 `<DeckScreen>` 用到的 `<Deck>` 组件（见例 10-16）。

例 10-16 src_checkpoint_01/components/DeckScreen/Deck.js

```javascript
import React, { Component } from "react";
import { StyleSheet, View } from "react-native";

import DeckModel from "./../../data/Deck";
import Button from "./../Button";
import NormalText from "./../NormalText";
import colors from "./../../styles/colors";

class Deck extends Component {
  static displayName = "Deck";

  _review = () => {
    console.warn("Not implemented");
  };

  _addCards = () => {
    console.warn("Not implemented");
  };

  render() {
    return (
      <View style={styles.deckGroup}>

        <Button style={styles.deckButton} onPress={this._review}>
          <NormalText>
            {this.props.deck.name}: {this.props.count} cards
          </NormalText>
        </Button>

        <Button style={styles.editButton} onPress={this._addCards}>
          <NormalText>+</NormalText>
        </Button>
      </View>
    );
  }
}

const styles = StyleSheet.create({
  deckGroup: {
    flexDirection: "row",
    alignItems: "stretch",
    padding: 10,
    marginBottom: 5
  },
  deckButton: { backgroundColor: colors.pink, padding: 10, margin: 0, flex: 1 },
  editButton: {
    width: 60,
```

```
        backgroundColor: colors.pink2,
        justifyContent: "center",
        alignItems: "center",
        alignSelf: "center",
        padding: 0,
        paddingTop: 10,
        paddingBottom: 10,
        margin: 0,
        flex: 0
    }
});

export default Deck;
```

修改 Deck.js 中的 _review(),使其调用 review 属性:

```
_review = () => {
  this.props.review();
}
```

现在,当用户轻击分组相关的按钮时,这个属性会被调用。

接下来要更新 DeckScreen/index.js。

我们也需要在这里添加一个 _review 函数:

```
_review = () => {
  console.warn("Actual reviews not implemented");
  this.props.navigation.navigate("Review");
}
```

要注意的是,我们使用了箭头函数声明语法,以便让函数正确地绑定到组件类。虽然 React 的生命周期方法可以自动绑定到组件示例,但是其他的一些方法可不是自动绑定的。

然后要修改渲染 <Deck> 组件的代码,使其包含恰当的属性:

```
_mkDeckViews() {
  if (!this.state.decks) {
    return null;
  }

  return this.state.decks.map((deck) => {
    return (
      <Deck
        deck={deck}
        count={deck.cards.length}
        key={deck.id}
        review={this._review} />);
  });
}
```

现在运行应用。当你轻击分组时,应该就能跳转到复习屏幕了。不错!

10.3.3　使用navigationOptions配置页眉

我们还可以将 navigationOptions 导航选项传递给 StackNavigator 来配置页眉中渲染的内容。

接下来更新 Flashcards.js 文件，设置一些基础的页眉样式选项（见例10-17）。

例 10-17　src_checkpoint_02/components/Flashcards.js

```
import React, { Component } from "react";
import { StyleSheet, View } from "react-native";
import { StackNavigator } from "react-navigation";

import Logo from "./Header/Logo";
import DeckScreen from "./DeckScreen";
import NewCardScreen from "./NewCardScreen";
import ReviewScreen from "./ReviewScreen";

let headerOptions = {
  headerStyle: { backgroundColor: "#FFFFFF" },
  headerLeft: <Logo />
};

let navigator = StackNavigator({
  Home: { screen: DeckScreen, navigationOptions: headerOptions },
  Review: { screen: ReviewScreen, navigationOptions: headerOptions },
  CardCreation: { screen: NewCardScreen, navigationOptions: headerOptions }
});

export default navigator;
```

此外，在 DeckScreen/index.js 文件里，我们还要设置更多的 navigationOptions。

```
class DecksScreen extends Component {

  static navigationOptions = {
    title: 'All Decks'
  };

  ...
}
```

设置 title 会修改 StackNavigator 页眉中渲染的标题。

如果再次查看应用，就会看到修改已经生效了（见图10-6）。

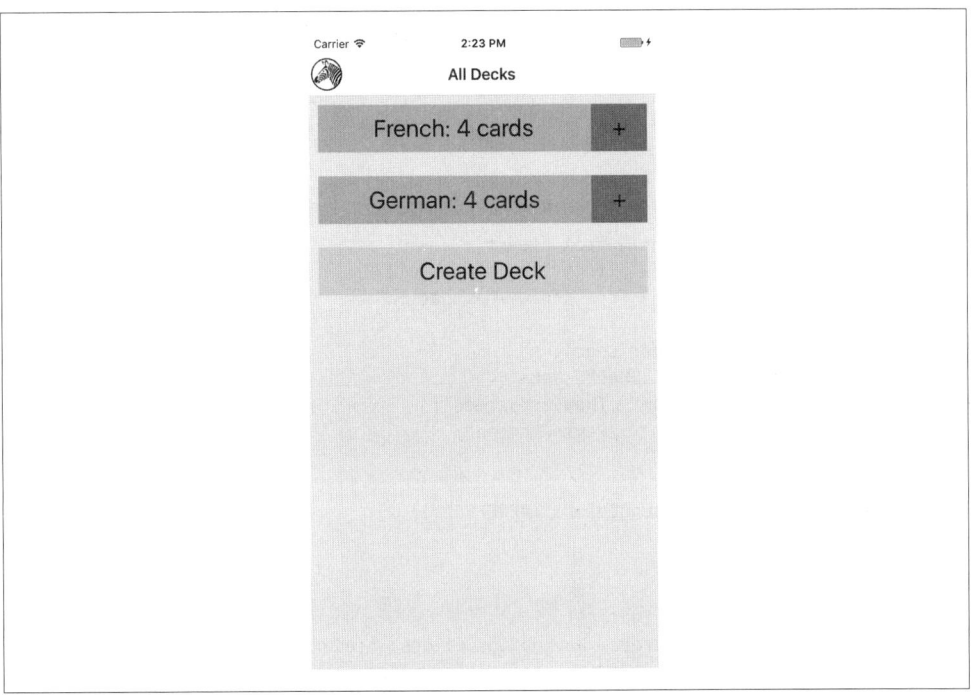

图 10-6:通过 navigationOptions 设置标题

10.3.4 实现余下逻辑

现在我们已经有了 StackNavigator,我们需要把它连接到应用的其他部分。具体来说,下列交互行为都应该处理。

- 在 <DeckScreen> 轻触分组,应该导航到 <ReviewScreen>。
- 在 <DeckScreen> 轻触加号按钮,应该导航到 <NewCardScreen>。
- 在 <NewCardScreen> 轻触完成按钮,应该导航到 <DeckScreen>。
- 在 <NewCardScreen> 轻触创建卡片按钮,应该导航到一个新的 <NewCardScreen>。
- 在 <NewCardScreen> 轻触复习分组按钮,应该导航到 <ReviewScreen>。
- 在 <ReviewScreen> 轻触停止复习按钮,应该导航回到 <DeckScreen>。
- 在 <ReviewScreen> 轻触完成按钮,应该导航回到 <DeckScreen>。
- 在 <DeckScreen> 创建分组按钮,应该导航到 <NewCardScreen>。

本节修改后的代码位于 GitHub 上(https://github.com/bonniee/learning-react-native/tree/2.0.0/src/flashcards/src_checkpoint_02)。其中修改了以下文件:

- components/DeckScreen/Deck.js
- components/DeckScreen/DeckCreation.js

- components/DeckScreen/index.js
- components/NewCardScreen/index.js
- components/ReviewScreen/index.js
- components/Flashcards.js
- components/Header/Logo.js

10.4　本章小结

在 React Native 中组织较大型的应用有时候是一种挑战。虽然我们在前面的章节中已经研究了构建 React Native 应用所必需的部分，但是闪卡应用说明了如何将它们结合到一起，这是一个更加丰富的示例。通过使用 React Navigation 库，我们将多个不同的应用屏幕组织起来，形成了有凝聚性的用户体验。

在下一节中，我们将继续改进闪卡应用，为其添加 Redux（一个状态管理库），并将其整合到 `AsyncStorage`，以便在应用运行期间保持状态的持久化。

第 11 章
大型应用中的状态管理

在第 10 章中,我们以闪卡应用作为出发点,讨论了大型应用的结构。随着规模增长,React 应用经常遇到的一个问题是**状态管理**。React Native 也不例外:随着应用日益庞大,使用状态管理库会对我们有利。本章中我们会学习管理数据流的库 Redux,并将其整合到闪卡应用中。此外,我们还会把 AsyncStorage 和 Redux store 整合在一起。

11.1 使用Redux管理状态

Redux 在一定程度上基于 Flux 数据量模式以及函数式编程的概念。本书前面的例子对于数据流管理方面并没有太多的要求。对于较小型的应用来说,组件间通信通常是一个微不足道的问题。设想这样一个常见情景:点击一个按钮后,其父组件的状态会受到影响,如下所示。

```
class Child extends Component {
  render() {
    <TouchableOpacity onPress={this.props.onPress}>
      <Text>Child Component</Text>
    </TouchableOpacity>
  }
}
```

从父组件向子组件传递回调函数,我们就可以向父组件通知子组件发生的交互:

```
class Parent extends Component {
  constructor(props) {
    super(props);
    this.initialState = { numTaps: 0 };
```

```
  }
  _handlePress = () => {
    this.setState({numTaps: this.state.numTaps + 1});
  }
  render() {
    <Child onPress={this._handlePress}/>
  }
}
```

对于简单的情况,这种模式是够用的。

当我们遇到更复杂的交互时,会需要更加健壮的数据流体系结构。当组件树更深处的组件需要影响更高层的应用状态时,会发生什么呢?代码会像意大利面一样缠在一起,让你不得不花费许多时间处理各种回调。管理活动路由、处理用户交互、从服务器获取数据、管理动画变化……随着你往应用中添加的状态越来越多,复杂度会增加,并且会以不可预测的方式去触发层叠更新。

有很多库旨在简化应用状态的管理,Redux 就是其中一个,它的目标是使得应用状态可预测且易于管理。

在 Redux 中,状态位于单个对象中,而该对象位于单一的 store 中,它充当唯一的数据来源。需要基于状态渲染的组件,可以**连接**(connect)到 store 中,并通过**属性**(props)接收状态。组件是不能直接修改状态的。

状态的修改是通过一系列预定义的 action 来触发的。单个 reducer 负责组合先前的状态和 action 中的信息,用于计算出新的状态。因此,关于状态如何改变、何时改变的逻辑,可以集中在一个易于调试的位置中。

上述这些内容通过实践来说明可能比起纯理论更有实际意义。我们来安装 Redux,并看看如何将其添加到闪卡应用中。除了 redux 包以外,我们还要安装 react-redux 包,它负责将 React 和 Redux 绑定到一起。

```
npm install --save redux react-redux
```

11.2　action

首先我们要定义哪些类型的 action 会导致状态变化。我们创建一些字符串常量来表示不同类型的动作(见例 11-1)。

例 11-1　src_checkpoint_03/actions/types.js
```
export const ADD_DECK = "ADD_DECK";
export const ADD_CARD = "ADD_CARD";
```

```
export const REVIEW_DECK = "REVIEW_DECK";
export const STOP_REVIEW = "STOP_REVIEW";
export const NEXT_REVIEW = "NEXT_REVIEW";
```

上述的每一个 action 类型都表示一种用户交互,并且涵盖了应用的基本功能:添加卡片或分组;开始或停止复习。

在 Redux 中,action 指的是一个包含了 type 键和某些可选额外数据的对象。我们需要添加一些 action 创建函数来创建这些对象(见例 11-2)。虽然理论上我们可以跳过为 action 创建函数创建单独文件的步骤,但是集中这些代码有助于保持 React 组件的整洁,并且让我们可以在单独的文件中找到 action 的定义。

例 11-2 src_checkpoint_03/actions/creators.js

```
import {
  ADD_DECK,
  ADD_CARD,
  REVIEW_DECK,
  STOP_REVIEW,
  NEXT_REVIEW
} from "./types";

import Card from "../data/Card";
import Deck from "../data/Deck";

export const addDeck = name => {
  return { type: ADD_DECK, data: new Deck(name) };
};

export const addCard = (front, back, deckID) => {
  return { type: ADD_CARD, data: new Card(front, back, deckID) };
};

export const reviewDeck = deckID => {
  return { type: REVIEW_DECK, data: { deckID: deckID } };
};

export const stopReview = () => {
  return { type: STOP_REVIEW, data: {} };
};

export const nextReview = () => {
  return { type: NEXT_REVIEW, data: {} };
};
```

这些 action 创建函数从多方面提供了便捷。例如 addDeck 这个 action 创建函数,它可以接收一个分组名字作为参数,然后处理 Deck 的实际构造。

11.3 reducer

action 表示应用中发生的事情，reducer 则描述了应用状态变化是如何响应 action 的。reducer 是一个"纯函数"：它是没有副作用的，并且它的返回值仅由输入值决定。（例如，不能在 reducer 中调用 Math.random。）

我们可以这样编写一个最简单的 reducer：

```
const reducer = (state = {}, action) => {
  return state;
}
```

state 里面包含了两项：包含分组的数据，以及当前复习的信息。默认的 state 看起来像这样：

```
decks: [],
currentReview: {
  deckID = null,
  questions = [],
  currentQuestionIndex = 0
}
```

我们开始编写第一个 reducer，从处理 ADD_DECK action 开始。打开前面创建的 actions/creators.js，可以看到下面这个 action：

```
{
  type: ADD_DECK,
  data: new Deck(name)
}
```

如果我们要为 decks 键编写 reducer，函数签名应该如下所示：

```
const decksReducer = (state = [], action) => {
  // 返回某些状态
}
```

我们想要把 action 中的新分组添加到现有的状态中，所以让我们来实现 deckReducer。

```
const deckReducer = (state = [], action) => {
  switch (action.type) {
    case ADD_DECK:
      return state.concat(action.data);
  }
  return state;
}
```

首先我们需要一个基于 action 类型的 switch 语句。现在，我们只处理了 ADD_DECK action。在其他的所有情况下，都会返回未修改的原始状态。这一点非常重要——别忘了处理默认情况！

然后，如果 action 类型确实是 ADD_DECK，我们就将新分组连接到现有分组后面并返回。

接下来，我们实现 deckReducer 的剩余逻辑（见例 11-3）。

例 11-3 src_checkpoint_03/reducers/decks.js

```js
import { ADD_DECK, ADD_CARD } from "../actions/types";

function decksWithNewCard(oldDecks, card) {
  return oldDecks.map(deck => {
    if (deck.id === card.deckID) {
      deck.addCard(card);
      return deck;
    } else {
      return deck;
    }
  });
}

const reducer = (state = [], action) => {
  console.warn("Changes are not persisted to disk");

  switch (action.type) {
    case ADD_DECK:
      return state.concat(action.data);
    case ADD_CARD:
      return decksWithNewCard(state, action.data);
  }
  return state;
};

export default reducer;
```

下一个轮到复习 reducer（见例 11-4）。这个 reducer 会处理 REVIEW_DECK、NEXT_REVIEW 和 STOP_REVIEW action。处理 STOP_REVIEW 是最简单的，只需要把状态还原成默认状态即可。对于 NEXT_REVIEW，我们要自增复习的索引。处理 REVIEW_DECK 会有点复杂，因为我们要拿到分组卡片，并且基于卡片生成提问。

例 11-4 src_checkpoint_03/reducers/reviews.js

```js
import { mkReviews } from "./../data/QuizCardView";
import { REVIEW_DECK, NEXT_REVIEW, STOP_REVIEW } from "./../actions/types";

export const mkReviewState = (
  deckID = null,
  questions = [],
  currentQuestionIndex = 0
) => {
  return { deckID, questions, currentQuestionIndex };
};

function findDeck(decks, id) {
  return decks.find(d => {
    return d.id === id;
```

```
    });
  }

  function generateReviews(deck) {
    return mkReviewState(deck.id, mkReviews(deck.cards), 0);
  }

  function nextReview(state) {
    return mkReviewState(
      state.deckID,
      state.questions,
      state.currentQuestionIndex + 1
    );
  }

  const reducer = (state = mkReviewstate(), action, decks) => {
    switch (action.type) {
      case REVIEW_DECK:
        return generateReviews(findDeck(decks, action.data.deckID));
      case NEXT_REVIEW:
        return nextReview(state);
      case STOP_REVIEW:
        return mkReviewState();
    }
    return state;
  };

  export default reducer;
```

要注意这个 reducer 是依赖于分组信息的,所以它的函数签名和 decksReducer 相比有些不同。

现在我们要将它们连起来。在 Redux 中,只能连接单个 reducer 到 store 中,所以我们要将它们组合成一个 reducer(见例 11-5)。

例 11-5　src_checkpoint_03/reducers/index.js

```
  import { MockDecks, MockCards } from "./../data/Mocks";

  import DecksReducer from "./decks";
  import ReviewReducer, { mkReviewState } from "./reviews";

  const initialState = () => {
    return { decks: MockDecks, currentReview: mkReviewState() };
  };

  export const reducer = (state = initialState(), action) => {
    let decks = DecksReducer(state.decks, action);

    return {
      decks: decks,
      currentReview: ReviewReducer(state.currentReview, action, decks)
    };
  };
```

现在我们已经编写了一些 Redux 特定的代码,下一步就是要整合到实际应用中了。

11.4 连接Redux

还记得前文中说过，状态会存储在单一的 Redux store 中吗？现在打开应用根组件文件 components/Flashcard.js，并创建这个 store。

首先我们要从 redux 中导入 createStore 方法，以及刚才在 reducers/index.js 中创建的 reducer。然后就可以创建 store 了。

```
import { createStore } from "redux";
import { reducer } from "../reducers/index";

let store = createStore(reducer);
```

接下来为了从我们的应用中使用这个存储，需要添加一个 `<Provider>` 组件。

在 `<Provider>` 中包装应用根组件之后，你就可以在任意组件层次的任意部分中使用 Redux store。要记住 Redux state 是只读的，因此在组件层次的任何地方使用**只读**状态都不会有风险。`<Provider>` 组件是 react-redux 包中的一部分。

让我们行动起来。例 11-6 展示了整合 Redux store 之后的完整组件文件。

例 11-6 src_checkpoint_03/components/Flashcards.js

```
import React, { Component } from "react";
import { StyleSheet, View } from "react-native";
import { StackNavigator } from "react-navigation";
import { createStore } from "redux";
import { Provider } from "react-redux";

import { reducer } from "../reducers/index";

import Logo from "./Header/Logo";
import DeckScreen from "./DeckScreen";
import NewCardScreen from "./NewCardScreen";
import ReviewScreen from "./ReviewScreen";

let store = createStore(reducer);

let headerOptions = {
  headerStyle: { backgroundColor: "#FFFFFF" },
  headerLeft: <Logo />
};

const Navigator = StackNavigator({
  Home: { screen: DeckScreen, navigationOptions: headerOptions },
  Review: { screen: ReviewScreen, navigationOptions: headerOptions },
  CardCreation: {
    screen: NewCardScreen,
    path: "createCard/:deckID",
    navigationOptions: headerOptions
  }
```

```
  });

  class App extends Component {
    render() {
      return (
        <Provider store={store}>
          <Navigator />
        </Provider>
      );
    }
  }

  export default App;
```

现在我们已经集成 Redux 了，我们用它来渲染一些数据。首先修改 `<DecksScreen>` 组件，让其基于 Redux store 中的内容显示分组。

要将给定的组件**连接**到 Redux store，可以使用 react-redux 绑定。

```
  import { connect } from "react-redux"
```

然后要定义两个函数：`mapStateToProps` 和 `mapDispatchToProps`。

`mapStateToProps` 描述了 Redux store 的状态是如何以属性方式提供给组件的。因为我们的状态包含了分组数组，所以顺便在这里计算 `counts` 属性，即卡片的总数。

```
  const mapStateToProps = state => {
    return {
      decks: state.decks,
      counts: state.decks.reduce(
        (sum, deck) => {
          sum[deck.id] = deck.cards.length;
          return sum;
        },
        {}
      )
    };
  };
```

同时，`mapDispatchToProps` 也定义了组件要接收的一些属性，这些属性可以用来分发 action。我们要导入 action 创建函数，然后从这里调用它们。

```
  import { addDeck, reviewDeck } from "../../../actions/creators";
  ...
  const mapDispatchToProps = dispatch => {
    return {
      createDeck: deckAction => {
        dispatch(deckAction);
      },
      reviewDeck: deckID => {
        dispatch(reviewDeck(deckID));
```

```
      }
    };
};
```

最后我们要调用 connect() 方法,创建一个连接到 Redux 的组件。

```
export default connect(mapStateToProps, mapDispatchToProps)(DecksScreen);
```

将这些内容组合到一起,我们就可以在组件里面使用这些新属性(reviewDeck、createDeck、decks、counts)了。现在,<DecksScreen> 会基于从 Redux 接收到的属性进行渲染,而且会分发 Redux action,代替原本直接修改 state 的方式(见例 11-7)。

例 11-7 src_checkpoint_03/components/DeckScreen/index.js

```
import React, { Component } from "react";
import { View } from "react-native";

import { connect } from "react-redux";

import { MockDecks } from "../../../data/Mocks";
import { addDeck, reviewDeck } from "../../../actions/creators";
import Deck from "./Deck";
import DeckCreation from "./DeckCreation";

class DecksScreen extends Component {
  static displayName = "DecksScreen";

  static navigationOptions = { title: "All Decks" };

  _createDeck = name => {
    let createDeckAction = addDeck(name);
    this.props.createDeck(createDeckAction);
    this.props.navigation.navigate("CardCreation", {
      deckID: createDeckAction.data.id
    });
  };

  _addCards = deckID => {
    this.props.navigation.navigate("CardCreation", { deckID: deckID });
  };

  _review = deckID => {
    this.props.reviewDeck(deckID);
    this.props.navigation.navigate("Review");
  };

  _mkDeckViews() {
    if (!this.props.decks) {
      return null;
    }

    return this.props.decks.map(deck => {
      return (
```

```
          <Deck
            deck={deck}
            count={this.props.counts[deck.id]}
            key={deck.id}
            add={() => {
              this._addCards(deck.id);
            }}
            review={() => {
              this._review(deck.id);
            }}
          />
        );
      });
    }

    render() {
      return (
        <View>
          {this._mkDeckViews()}
          <DeckCreation create={this._createDeck} />
        </View>
      );
    }
  }

  const mapDispatchToProps = dispatch => {
    return {
      createDeck: deckAction => {
        dispatch(deckAction);
      },
      reviewDeck: deckID => {
        dispatch(reviewDeck(deckID));
      }
    };
  };

  const mapStateToProps = state => {
    return {
      decks: state.decks,
      counts: state.decks.reduce(
        (sum, deck) => {
          sum[deck.id] = deck.cards.length;
          return sum;
        },
        {}
      )
    };
  };

  export default connect(mapStateToProps, mapDispatchToProps)(DecksScreen);
```

一般来说，当你转换到 Redux 或者类似的库的时候，常用的模式是替换或改变 this.state 的访问。组件对 props（而非 state）的依赖度越高，在应用中管理复杂度就越容易。

我们还要对 <NewCardScreen> 和 <ReviewScreen> 组件进行类似的更新，分别参见例 11-8 和例 11-9。正如我们对 <DecksScreen> 所做的那样，我们为它们分别实现了 mapDispatchToProps 和 mapStateToProps 方法。

例 11-8　src_checkpoint_03/components/NewCardScreen/index.js

```
import React, { Component } from "react";
import { StyleSheet, View } from "react-native";

import DeckModel from "../../../data/Deck";
import { addCard } from "../../../actions/creators";
import { connect } from "react-redux";

import Button from "../Button";
import LabeledInput from "../LabeledInput";
import NormalText from "../NormalText";
import colors from "../../../styles/colors";

class NewCard extends Component {
  static navigationOptions = { title: "Create Card" };

  static initialState = { front: "", back: "" };

  constructor(props) {
    super(props);
    this.state = this.initialState;
  }

  _deckID = () => {
    return this.props.navigation.state.params.deckID;
  };

  _handleFront = text => {
    this.setState({ front: text });
  };

  _handleBack = text => {
    this.setState({ back: text });
  };

  _createCard = () => {
    this.props.createCard(this.state.front, this.state.back, this._deckID());
    this.props.navigation.navigate("CardCreation", { deckID: this._deckID() });
  };

  _reviewDeck = () => {
    this.props.navigation.navigate("Review");
  };

  _doneCreating = () => {
    this.props.navigation.navigate("Home");
  };

  render() {
```

```
    return (
      <View>
        <LabeledInput
          label="Front"
          clearOnSubmit={false}
          onEntry={this._handleFront}
          onChange={this._handleFront}
        />
        <LabeledInput
          label="Back"
          clearOnSubmit={false}
          onEntry={this._handleBack}
          onChange={this._handleBack}
        />

        <Button style={styles.createButton} onPress={this._createCard}>
          <NormalText>Create Card</NormalText>
        </Button>

        <View style={styles.buttonRow}>
          <Button style={styles.secondaryButton} onPress={this._doneCreating}>
            <NormalText>Done</NormalText>
          </Button>

          <Button style={styles.secondaryButton} onPress={this._reviewDeck}>
            <NormalText>Review Deck</NormalText>
          </Button>
        </View>
      </View>
    );
  }
}

const styles = StyleSheet.create({
  createButton: { backgroundColor: colors.green },
  secondaryButton: { backgroundColor: colors.blue },
  buttonRow: { flexDirection: "row" }
});

const mapStateToProps = state => {
  return { decks: state.decks };
};

const mapDispatchToProps = dispatch => {
  return {
    createCard: (front, back, deckID) => {
      dispatch(addCard(front, back, deckID));
    }
  };
};

export default connect(mapStateToProps, mapDispatchToProps)(NewCard);
```

例 11-9　src_checkpoint_03/components/ReviewScreen/index.js

```
import React, { Component } from "react";
import { StyleSheet, View } from "react-native";

import { connect } from "react-redux";
import ViewCard from "./ViewCard";
import { mkReviewSummary } from "./ReviewSummary";
import colors from "./../../styles/colors";
import { reviewCard, nextReview, stopReview } from "./../../../actions/creators";

class ReviewScreen extends Component {
  static displayName = "ReviewScreen";
  static navigationOptions = { title: "Review" };

  constructor(props) {
    super(props);
    this.state = { numReviewed: 0, numCorrect: 0 };
  }

  onReview = correct => {
    if (correct) {
      this.setState({ numCorrect: this.state.numCorrect + 1 });
    }
    this.setState({ numReviewed: this.state.numReviewed + 1 });
  };

  _nextReview = () => {
    this.props.nextReview();
  };

  _quitReviewing = () => {
    this.props.stopReview();
    this.props.navigation.goBack();
  };

  _contents() {
    if (!this.props.reviews || this.props.reviews.length === 0) {
      return null;
    }

    if (this.props.currentReview < this.props.reviews.length) {
      return (
        <ViewCard
          onReview={this.onReview}
          continue={this._nextReview}
          quit={this._quitReviewing}
          {...this.props.reviews[this.props.currentReview]}
        />
      );
    } else {
      let percent = this.state.numCorrect / this.state.numReviewed;
      return mkReviewSummary(percent, this._quitReviewing);
    }
  }
```

```
  render() {
    return (
      <View style={styles.container}>
        {this._contents()}
      </View>
    );
  }
}

const styles = StyleSheet.create({
  container: { backgroundColor: colors.blue, flex: 1, paddingTop: 24 }
});

const mapDispatchToProps = dispatch => {
  return {
    nextReview: () => {
      dispatch(nextReview());
    },
    stopReview: () => {
      dispatch(stopReview());
    }
  };
};

const mapStateToProps = state => {
  return {
    reviews: state.currentReview.questions,
    currentReview: state.currentReview.currentQuestionIndex
  };
};

export default connect(mapStateToProps, mapDispatchToProps)(ReviewScreen);
```

11.5　使用AsyncStorage持久化数据

现在，我们的闪卡应用状态还没有持久化。因此，如果我们添加了新分组或者新卡片，然后重启应用，数据就会丢失。我们可以通过 AsyncStorage 保存应用状态，来修复这个问题。

这个例子可以真正展示 Redux 的强大之处：因为状态管理的逻辑是集中的，所以进行这样的逻辑修改时，会比其他形式的代码更加简单。

首先，添加一个负责处理读/写逻辑的文件，用来将状态持久化到磁盘上，见例 11-10。要记住的是，AsyncStorage.getItem 和 AsyncStorage.setItem 都是异步 API。

例 11-10　src_checkpoint_04/storage/decks.js

```
import { AsyncStorage } from "react-native";
import Deck from "./../data/Deck";
export const DECK_KEY = "flashcards:decks";
import { MockDecks } from "./../data/Mocks";
```

```
async function read(key, deserializer) {
  try {
    let val = await AsyncStorage.getItem(key);
    if (val !== null) {
      let readValue = JSON.parse(val).map(serialized => {
        return deserializer(serialized);
      });
      return readValue;
    } else {
      console.info(`${key} not found on disk.`);
      return [];
    }
  } catch (error) {
    console.warn("AsyncStorage error: ", error.message);
  }
}

async function write(key, item) {
  try {
    await AsyncStorage.setItem(key, JSON.stringify(item));
  } catch (error) {
    console.error("AsyncStorage error: ", error.message);
  }
}

export const readDecks = () => {
  return read(DECK_KEY, Deck.fromObject);
};

export const writeDecks = decks => {
  return write(DECK_KEY, decks);
};

// 用作调试/测试
const replaceData = writeDecks(MockDecks);
```

要记住我们的 Redux state 中有两个元素：decks 和 currentReview。由于 currentReview 是暂时性的信息，我们只需要关心如何保存 decks 即可。

现在，我们已经拥有了将分组信息读写到 AsyncStorage 的一种简便方法，我们来添加一种新的 action 类型 LOAD_DATA 到 actions/types.js 中，如例 11-11 所示。

例 11-11 添加新的类型到 src_checkpoint_04/actions/types.js 中

```
export const LOAD_DATA = "LOAD_DATA";
```

我们还需要将对应的 action creator 添加到 actions/creators.js 中（见例 11-12）。

例 11-12 添加新的 action creator 到 src_checkpoint_04/actions/creators.js 中

```
export const loadData = data => {
  return { type: LOAD_DATA, data: data };
};
```

接下来修改 Flashcards.js，在创建 store 之后从磁盘加载数据。

```
import { readDecks } from "../storage/decks";
import { loadData } from "../actions/creators";

...

let store = createStore(reducer);

// 在应用打开时，从磁盘读取保存的状态
readDecks().then(decks => {
  store.dispatch(loadData(decks));
});
```

既然我们分发了这个 action，就要修改 deck reducer 来处理 LOAD_DATA action。此外，处理 ADD_CARD 或者 ADD_DECK action 的时候，reducer 还应该保存分组状态（见例 11-13）。

例 11-13 更新 src_checkpoint_04/reducers/decks.js，用来保存状态

```
import { ADD_DECK, ADD_CARD, LOAD_DATA } from "../actions/types";
import Deck from "./../data/Deck";
import { writeDecks } from "./../storage/decks";

function decksWithNewCard(oldDecks, card) {
  let newState = oldDecks.map(deck => {
    if (deck.id === card.deckID) {
      deck.addCard(card);
      return deck;
    } else {
      return deck;
    }
  });
  saveDecks(newState);
  return newState;
}

function saveDecks(state) {
  writeDecks(state);
  return state;
}

const reducer = (state = [], action) => {
  switch (action.type) {
    case LOAD_DATA:
      return action.data;
    case ADD_DECK:
      let newState = state.concat(action.data);
      saveDecks(newState);
      return newState;
    case ADD_CARD:
      return decksWithNewCard(state, action.data);
  }
  return state;
};

export default reducer;
```

就是这样！由于状态是由 Redux 管理的，我们可以放心的是，通过修改 deck reducer，就可以确保将所有相关的状态修改持久化到 AsyncStorage 中。

11.6 本章小结和作业

对于 Redux 和类似的状态管理库，有一种常见的批评，认为它们会添加大量的模板代码到应用中。事实上，为了将 Redux 整合到闪卡应用里，我们确实编写了几个新文件。然而通过显式地表达状态关系，而非局部改变状态，这样的"模板"可以使得现有的复杂性更加易于管理。使用 Redux 之后，你很难会编写出基于状态的 bug！此外，你还会获得一些额外的好处，比如时间旅行调试。另外，正如我们在整合 AsyncStorage 时看到的那样，对应用做进一步的修改也会变得更加简单。

使用哪个特定的状态管理库并不重要，有很多合理的方法来构造大型应用。但是，与任何大型 React 应用一样，如果你没有提前规划状态管理，那么你最终可能会遇到和状态变化相关的 bug，并且很难修改现有组件。如果你碰到了这样的迹象，就应该在状态和数据流管理中投入更多的精力了。

闪卡应用可以作为参考。从很多方面来说，它都是一个"最小可行项目"，有很多可以提升的空间。也就是说，代码库中还有很多需要探索的地方，我鼓励你去深入研究它。

如果你希望在 React Native 上下文中进行更多的实践，请查看 GitHub 仓库并尝试扩展闪卡应用。这里有一些想法可以作为切入点：

- 补充删除分组的功能；
- 添加一个可以查看分组中所有卡片的屏幕；
- 随着时间推移，显示复习效果的统计信息；
- 不同样式的试验。

总结

已经读到这里了，祝贺你！

我们从第一个"Hello, World" React Native 应用的开发开始，一路"过关斩将"，最后成功创建了复杂且功能齐全的应用，并且在 iOS 和 Android 平台上实现了完全的代码复用。为了完成这项任务，我们从基础的 React Native 组件和样式开始学起，然后学习了触摸和平台原生 API，比如 `AsyncStorage` 和 `Geolocation` 地理 API。我们还掌握了通过开发者工具进行 React Native 调试的技巧，以及部署应用到真实设备的方法。对于 React Native 标准库之外的功能，我们也了解了原生 Objective-C 和 Java 模块的用法，以及如何通过 npm 安装第三方 JavaScript 类库。

你所具备的 JavaScript 和 React 的知识，再加上本书中所讨论的内容，应该足以让你快速且高效地开发出适用于 iOS 和 Android 平台的跨平台应用了。当然，只拥有这些知识还远远不够，你仍需要不断学习，单单这一本书并不能涵盖 React Native 移动应用开发的方方面面。如果你遇到困难或者问题，可以向社区求助，例如 Stack Overflow 或 IRC。

让我们保持联络吧！加入 Learning React Native（https://tinyletter.com/reactnative）的邮件列表，可以获取更多关于本书的资源和更新。你也可以在 Twitter 上找到我：@brindelle。

最后也最重要的是，享受这一切！期待看到你们的优秀作品！

附录 A
现代JavaScript语法

本书中的一些代码使用了现代 JavaScript 语法。如果你对这些语法不熟悉的话也不要紧，它基本上是从你熟悉的 JavaScript 语法直接翻译过来的。

ECMAScript 5（简称 ES5）是最为广泛采用的 JavaScript 语言规范。然而，在 ES6、ES7 和更新的版本中，引入了许多引人瞩目的语言特性。React Native 使用 Babel (https://babeljs.io/) 这个 JavaScript 编译器来转换我们的 JavaScript 和 JSX 代码。Babel 的一个特点是将更新版本的语法编译成符合 ES5 规范的 JavaScript 代码，使得我们可以在 React 代码中使用 ES6 以及更新的语法。

A.1　let和const

在 ES6 之前的语法中，我们使用 var 来定义变量。

在 ES6 中，有另外两种声明变量的方法：let 和 const。使用 const 声明的变量不能重新赋值，也就是说，以下代码是无效的：

```
const count = 2;
count = count + 1; // 错误
```

使用 let 或者 var 声明的变量可以重新赋值。使用 let 声明的变量，只能在它定义的同一语句块中使用。

本书中的一些例子依然在使用 var，但是你也会看到 let 和 const。不必过分担心它们的区别。

A.2 导入模块

我们可以使用 CommonJS 模块语法来导出我们的组件和其他 JavaScript 模块（见例 A-1）。在这个系统中可以使用 require 来导入其他模块，还可以通过赋值给 module.exports，让文件内容可以供其他模块使用。

例 A-1　使用 CommonJS 语法导入导出模块

```
var OtherComponent = require('./other_component');
class MyComponent extends Component {
  ...
}
module.exports = MyComponent;
```

使用 ES6 模块语法，我们可以采用 export 和 import 命令作为代替。例 A-2 使用 ES6 模块语法展示功能相同的代码。

例 A-2　使用 ES6 模块语法导入导出模块

```
import OtherComponent from './other_component';
class MyComponent extends Component {
  ...
}
export default MyComponent;
```

A.3 解构

解构赋值给我们提供了一种从对象提取数据的简便方法。

这是符合 ES5 规范的代码片段：

```
var myObj = {a: 1, b: 2};
var a = myObj.a;
var b = myObj.b;
```

我们可以使用更简洁的解构赋值：

```
var {a, b} = {a: 1, b: 2};
```

你可能经常在 import 语句中看到它的身影。在引入 React 的时候，实际上我们取出了一个对象，并使用例 A-3 的方法来获得组件。

例 A-3　非解构语法导入组件

```
import React from "react";
let Component = React.Component;
```

但使用解构语法会让代码更加优雅，如例 A-4 所示。

例 A-4　解构语法导入组件

```
import React, { Component } from "react";
```

A.4　函数简写

ES6 的函数简写也是很实用的。在符合 ES5 规范的 JavaScript 中，我们用例 A-5 所示的方法来声明函数。

例 A-5　普通函数的声明方式

```
render: function() {
  return <Text>Hi</Text>;
}
```

重复使用 function 关键字会让人厌倦。例 A-6 展示了使用 ES6 函数简写的方式编写的相同的函数。

例 A-6　函数简写的声明方式

```
render() {
  return <Text>Hi</Text>;
}
```

A.5　箭头函数

在 ES5 版本的 JavaScript 中，为了确保函数的上下文（即 this 的值）符合预期，我们通常会使用 bind 函数（见例 A-7）。这种方法在处理回调函数的时候尤为常见。

例 A-7　使用 ES5 的 JavaScript 手动绑定函数

```
var callbackFunc = function(val) {
  console.log('Do something');
}.bind(this);
```

箭头函数实现了自动绑定，因此我们不需要手动处理（见例 A-8）。

例 A-8　使用箭头函数实现绑定

```
var callbackFunc = (val) => {
  console.log('Do something');
};
```

A.6　默认参数

可以为函数指定默认参数，如例 A-9 所示。

例 A-9　使用默认参数

```
var helloWorld = (name = "Bonnie") => {
        console.log("Hello, " + name);
}

helloWorld("Zach"); // 输出 "Hello, Zach"
helloWorld(); // 输出 "Hello, Bonnie"
```

当你想要为参数提供一个合理的默认值时,这种语法很方便。

A.7　字符串插值

在 ES5 版本的 JavaScript 中,我们使用例 A-10 这样的代码来实现字符串拼接。

例 A-10　ES5 版本的 JavaScript 字符串拼接

```
var API_KEY = 'abcdefg';
var url = 'http://someapi.com/request&key=' + API_KEY;
```

ES6 则为我们提供了模板字符串,它支持多行字符串以及字符串插值。用一对反引号把字符串围起来,我们就可以使用 ${} 语法插入其他变量了(见例 A-11)。

例 A-11　ES6 的字符串插值

```
var API_KEY = 'abcdefg';
var url = `http://someapi.com/request&key=${API_KEY}`;
```

A.8　使用promise

promise 是一个表示某件终将发生的事情的对象。和手动处理成功和失败回调的方法相比,promise 的区别在于提供了一个与异步操作交互一致的 API。

假设你有两个回调:一个处理成功的情况,另一个处理失败的情况(见例 A-12)。

例 A-12　定义两个回调

```
function successCallback(result) {
  console.log("It succeeded: ", result);
}
function errorCallback(error) {
  console.log("It failed: ", error);
}
```

传统风格的函数可能会期待接收两个回调,并且根据成功或者失败,调用其中一个(见例 A-13)。

例 A-13　在传统风格的 JavaScript 代码中传递成功和失败回调
```
uploadToSomeAPI(successCallback, errorCallback);
```

拥有现代的、基于 promise 的语法之后，你就可以通过例 A-14 这种方式来传递成功和失败回调。

例 A-14　使用 promise 传递成功和失败回调
```
uploadToSomeAPI().then(successCallback, errorCallback);
```

这两个例子看起来非常相似，但是当你有很多回调或者异步操作要执行的时候，使用 promise 的优势就会变得突出。假设你需要上传某些数据给 API，然后更新用户界面，并查找新数据。

如果使用传统风格的回调方式，那么我们很快会陷入所谓的"回调地狱"（见例 A-15）。

例 A-15　链式回调很快会变得散乱和啰唆
```
uploadToSomeAPI(
  (result) => {
    updateUserInterface(
      result,
      uiUpdateResult => {
        checkForNewData(
          uiUpdateResult,
          newDataResult => {
            successCallback(newDataResult);
          },
          errorCallback
        );
      },
      errorCallback
    );
  }, errorCallback
);
```

有了 promise，我们就可以使用 then 方法进行链式调用，如例 A-16 所示。

例 A-16　组合链式调用更加简单
```
uploadToSomeAPI()
  .then(result => updateUserInterface(result))
  .then(uiUpdateResult => checkForNewData(uiUpdateResult))
  .then(newDataResult => successCallback(newDataResult))
  .catch(errorCallback)
```

这样可以使代码更加简洁，同时也意味着我们不需要在每一次编写函数时都重新实现回调处理。

附录 B

部署应用

构建好非常棒的应用之后，你自然会希望将它交给更多的用户使用。

构建和部署生产应用的过程因平台而异，Google 和 Apple 都会定期更新所需的特定步骤。然而，基本的流程还是大体相同的。

(1) 再三检查你的静态资源：应用图标、启动屏幕等。
(2) 指定目标系统版本和目标设备。
(3) 创建 release 版本构建。
(4) 完善资料。
(5) 创建一个 App Store 和 Play Store 列表，其中包括了推广的截图。
(6) 将应用发给 beta 测试人员，并征求反馈意见。
(7) 提交审核。
(8) 发布！

B.1 检查应用资源，并指定目标系统版本和目标设备

在生产过程中很容易忽略这些步骤。你要确保，对于所有希望适配的设备，都能提供尺寸和分辨率合适的应用图标和启动屏幕。

应用中使用的图片、视频和其他静态资源也是如此，请确保准备好匹配每个目标设备的版本。

B.2　创建release版本构建

把应用交付给用户之前，你需要将应用编译成生产就绪的 release 版本。这一版本的应用不会开启调试功能，并且会导入打包后的 JavaScript，而不需要依赖 React Native 打包器。

不管是 iOS 还是 Android，React Native 官方文档上面都包含了如何构建生产就绪版本的指引。

B.3　完善资料

为了将应用分发到 Android 设备，你可能需要注册 Google Play 账号。类似地，为了将应用提交到 App Store，你可能需要注册 Apple 开发者账号。

在这个过程中，你需要提供一些标准信息，例如联系方式以及支付信息。

B.4　应用的beta测试

你应该想要在各种设备和操作系统版本上进行应用测试。它在横屏上和竖屏上的表现分别是怎样的？电量低的时候呢？网速慢的时候呢？推送通知干扰用户的时候呢？

要评估应用在真实场景下的表现，最佳方式就是交给真实用户来测试。Play Store 和 App store 都提供了内置程序，方便你把应用分发给 beta 测试人员。

B.5　创建列表

你需要说服用户下载你的应用！收集推广截图，选择适当的分类，然后编写一份令人信服的描述。

完成上述这些步骤后，你就可以将应用提交审核了。

B.6　等待审核

作为 Web 开发人员，我们习惯对部署流程拥有更多的控制权。你可能习惯在一天之内多次将代码发布到生产环境，版本变化通常也不是什么大问题。但使用 iOS App Store 和 Google Play Store 之后，发布就变得复杂多了。新版本的发布通常需要审核，审核时间从一天到几周不等。因此，在计划阶段就要考虑提交和审核过程，这是非常重要的。

B.7 发布

历尽艰辛创建应用之后，看到它的上线（见图 B-1）是一件振奋人心的事情。然而，向用户发布应用只是一个开始，因为你在发布应用后还必须提供支持。在 Web 上你可以频繁而轻松地部署，但是移动端发布新版本却需要花费时间，并且每个版本的使用寿命也更长。很多 iOS 和 Android 用户没有启用自动更新，所以每一个版本都需要考虑。至少每次希望提交更新或者 bug 修复时，你都需要等待应用审核（对于真正关键的 bug 修复，你可以请求加快审核，但是请谨慎使用）。

图 B-1：闪卡应用可以从 Play Store 下载

最后，恭喜你的应用成功上线！

附录 C
使用Expo应用

Expo 是一个可以让你无须借助 Xcode 或者 Android Studio 即可编写 React Native 应用的工具。使用 Create React Native App 工具创建的项目就是 Expo 项目。

Expo 使物理设备上的开发变得非常容易，并且消除了初学 React Native 时可能会遇到的各种障碍。因此，当你学习使用 React Native 进行开发时，它是一个非常好的选择。

你可以在 https://expo.io/ 上了解更多关于 Expo 的信息，并安装 Expo 移动应用。

从Expo分离

任何依赖于原生代码的项目（原生代码要么是你自己的，要么是第三方模块指示你运行 `react-native link` 进行安装的）都不能使用 Expo 进行开发。Expo 提供了一种方法，让你将项目分离（eject）出 Expo，并还原成传统、完整的 React Native 项目。分离操作会从现有的 Expo 应用创建出完整的 React Native 项目。这种代码迁移是单向的，因此你不能在之后重新回到 Expo 了。

如果你想要更完整地控制构建，并将应用发布到 iOS App Store 或者 Google Play Store，那么你也需要从 Expo 中分离。

更多相关信息参见 Create React Native App 文档（https://github.com/react-community/create-react-native-app）。

作者简介

邦尼·艾森曼（**Bonnie Eisenman**）是 Twitter 公司的软件工程师，曾就职于 Codecademy、Google 和 Fog Creek Software 公司。她曾在多个会议上做过演讲，话题涉及 React、音乐编程和 Arduino。工作之余，她乐于开发电子乐器，喜爱使用激光切割巧克力，并且热爱学习各种语言。

关于封面

本书封面上的动物是环尾袋貂（学名 Pseudocheirus peregrinus），是澳洲土生土长的有袋类动物。环尾袋貂是食草类动物，主要居住在森林地区。它因卷曲的、末端经常呈环状的尾巴而得名。

环尾袋貂外表是灰棕色的，体长可达 35 厘米。它以各式各样的叶子、花朵和水果为食。环尾袋貂是夜行性动物，并群居在巢穴中。作为有袋类动物，环尾袋貂会把它们的幼崽置于袋中，直到幼崽长大，可以独立生存。

20 世纪 50 年代，环尾袋貂数量骤减，好在近年来数量又有所增加。但由于森林砍伐，它们的栖息地仍然受到威胁。

O'Reilly 书籍封面上的许多动物都属于濒危物种，它们都是这个世界不可或缺的一部分。想知道如何帮助这些动物的话，请访问 http://animals.oreilly.com。

本书封面图片来自 *Shaw's Zoology*。

技术改变世界 · 阅读塑造人生

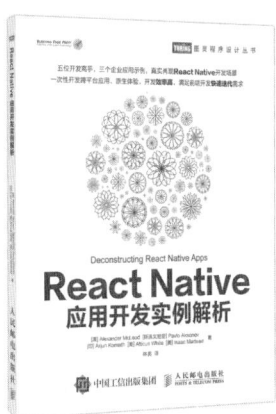

React Native 应用开发实例解析

◆ 五位开发高手，三个企业应用示例，真实再现React Native开发场景
◆ 一次性开发跨平台应用、原生体验，开发效率高，满足前端开发快速迭代需求

书号： 978-7-115-46714-0
定价： 45.00 元

你不知道的 JavaScript

◆ 深入挖掘JavaScript语言本质，简练形象地解释抽象概念，打通JavaScript的任督二脉

（上卷）**书号：** 978-7-115-38573-4　**定价：** 49.00 元
（中卷）**书号：** 978-7-115-43116-5　**定价：** 79.00 元
（下卷）**书号：** 978-7-115-47165-9　**定价：** 79.00 元

PWA 开发实战

◆ 通过实践详解如何构建现代渐进式Web应用
◆ 拥抱离线优先，给用户体验带来新机遇与新挑战

书号： 978-7-115-50200-1
定价： 79.00 元

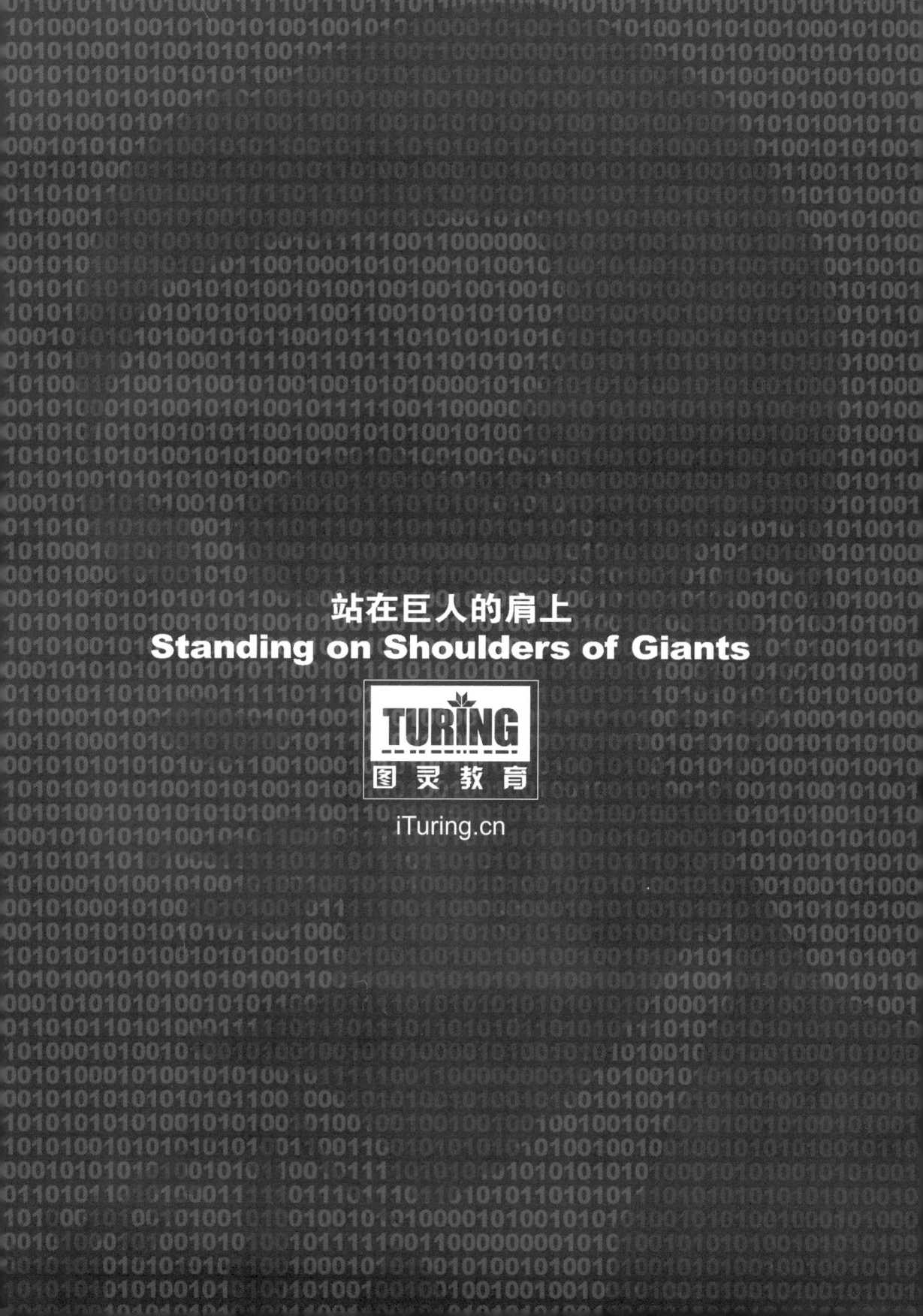

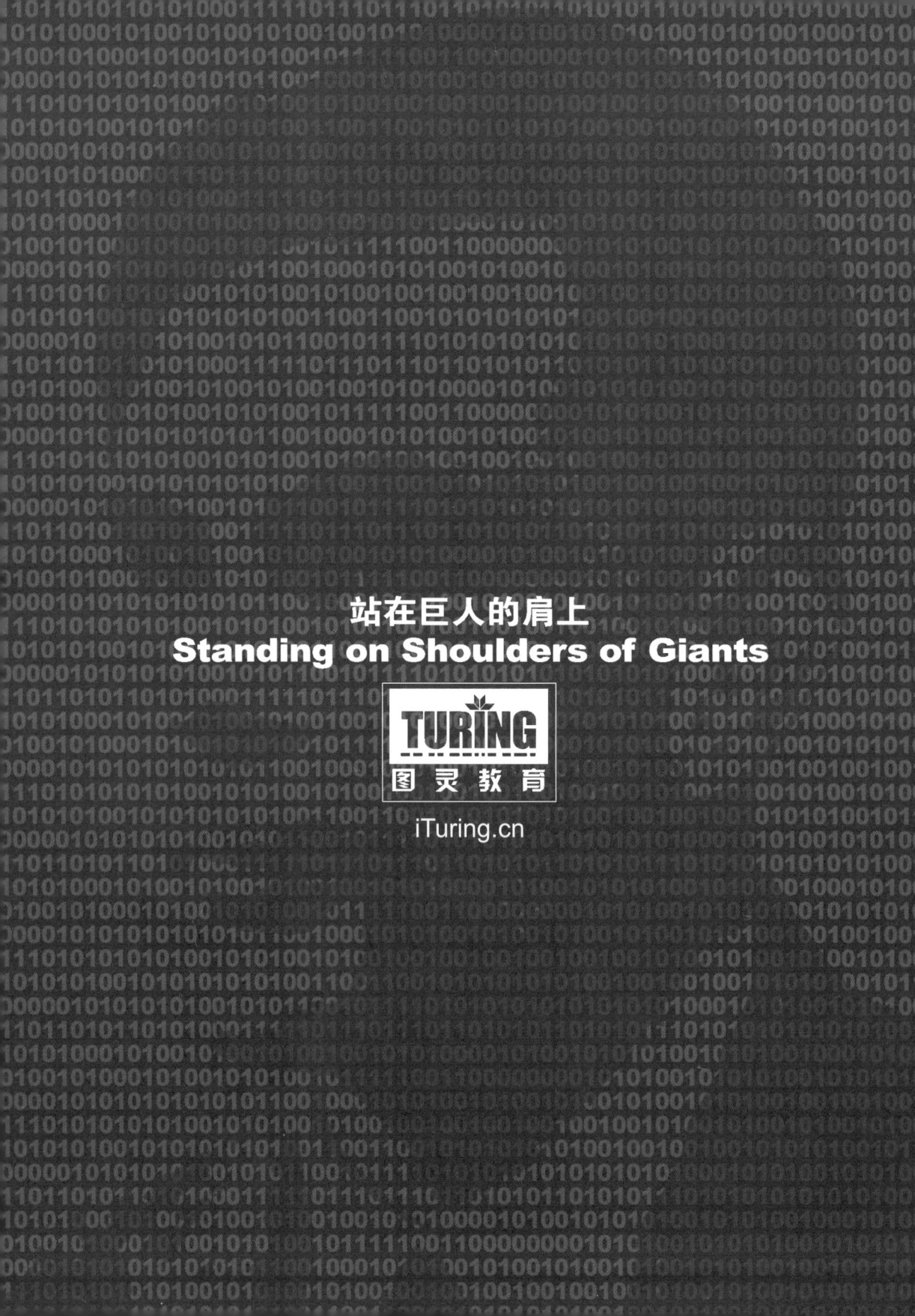